CHROMATICS
색채학

빨·주·노·초·파·남·보 나의 삶 속의 색

CHROMATICS

색채학

이항아 · 윤지현 지음

교문사

PREFACE

머리말

21세기 4차 산업혁명을 통한 미디어의 발달과 문화의 발전 속에서 우리 생활과 아주 밀접한 관계를 지속해 온 색채는 그 중요성을 더해 가고 있으며, 다양한 분야에서 영향력이 더욱 확대되고 있다.

색채는 표현과 상징을 위한 조형의 기본요소로 사용되었으나 이제는 하나의 독자적인 영역으로 자리잡았다. 일상에서 필요한 제품, 마케팅, 생활환경 등 디자인 영역뿐만 아니라 색채심리, 치료 그리고 미디어 문화 등 생활 전반에서 중요한 커뮤니케이션 수단이자 필수 요소로써 역할을 하고 있다. 이처럼 색채가 우리의 삶을 변화시키는 중요한 요소가 되어가면서 색채 전문가뿐만 아니라 일반인도 색채에 대해 흥미와 관심이 점점 높아지고 있다.

우리는 아침에 눈을 떠서 밤에 잠들 때까지 주변을 둘러싼 물체들이 만들어 내는 다양한 색채 환경 속에 생활한다. 무의적으로 색의 영향을 끊임없이 받고 있는 것이다. 인간의 가장 중요한 인지 기관인 시각 중에서 60% 이상이 색채에 의한 것이라는 사실만으로도 우리에게 색채가 주는 영향력을 짐작할 수 있다. 이처럼 색채는 디자이너, 예술가, 심리학자 등 전문가뿐 아니라 모두에게 중요하다. 누구나 색을 이해하고 활용한다면 더 나은 색채 환경을 통해 행복한 삶을 누릴 수 있을 것이다.

저자는 색채를 강의해온 경험을 바탕으로 색채에 대한 기본 이론과 함께 시각 언어, 감성 언어로써 색채 커뮤니케이션의 핵심 기능을 이해하고, 색채에 의한 인간의 심리적 반응과 연상, 상징성을 통해 실생활에 활용할 수 있도록 내용을 구성하였다. 이 책은 색을 조금 더 쉽게 이해하고, 편리하고 효율적으로 색채를 활용할 수 있도록 하는 데 목적이 있다.

이 책을 통해 색채와 인간 생활의 상호관계에 대해 이해하고, 변화하는 색채 환경에 올바르게 대처할 수 있는 기초적 지식을 습득하여 앞으로 삶의 질 향상과 개성적 표현 능력을 높일 수 있다. 또한, 생활 주변에서 다양하게 응용되는 사례를 스스로 연구하고 적용하는 능력도 키울 수 있다. 이로써 다양한 색채 환경 속에서 올바른 색채를 사용하고, 모든 이들이 일상의 색채 환경을 즐길 수 있기를 바라본다.

2019년 12월

이향아, 윤지현

CONTENTS

RED

열정과 사랑의 '빨강'

빨강... 생명과 피 그리고 흥분과 공포의 색

빨강의 의미

빨강(Red)은 색이름 중 가장 오래된 것으로 영어 Red의 어원은 '붉은'을 뜻하는 라틴어에서 왔으며 홍색, 성령, 순교자, 사도 축일 미사에 입는 제의의 색을 뜻한다. 우리말의 빨강은 '붉다'라는 어휘에서 시작되었고 '붉다'라는 색채 표현은 빛과 색을 함께 표현한 것이다. 빨강은 스페인어로 '콜로라도(colorado)'이며 '색'인 동시에 '빨강'을 뜻한다.

상징과 연상

긍정의 상징	열정, 사랑, 힘, 생명, 생동, 자극, 흥분
부정의 상징	죽음, 전쟁, 증오, 비상, 경고, 두려움, 공포, 혼란
구체적 연상	소방차, 중국, 사과, 장미, 우체국, 산타클로스, 태양, 불, 딸기

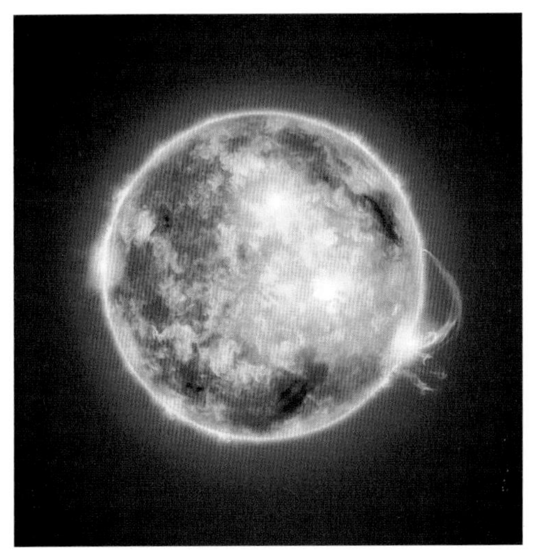

빨강은 눈으로 색을 구분할 수 있는 빛의 범위인 가시(可視) 스펙트럼에서 640나노미터에서 780나노미터의 장파장에 있는 색이다. 이 가시광선의 범위에서 빨강, 주황, 노랑, 초록, 파랑, 남색, 보라의 색으로 구분한다.

미국의 인류학자 바린과 케이의 연구에 따르면 흰색과 검정은 밝음과 어두움 그리고 낮과 밤에서 비롯되었는데, 그 다음의 인류는 색에 눈을 뜨기 시작했고 유채색에 대해 사람이 이름을 붙인 첫 번째 색이 빨강이라고 하였다. 빨간색의 피와 불은 인간의 생명 유지에 가장 필요한 것이기 때문이다.

색채의 상징이란 하나의 색을 보면서 특정한 의미나 뜻이 담긴 감성적 특징을 떠올리게 되는 것을 말한다. 상징적 의미에서의 빨강은 열정, 사랑 등과 함께 행운의 의미도 있는데, 달력에 빨간색으로 표시된 날은 즐거운 날, 행운의 날이고, 빨간색의 무당벌레도 행운을 의미한다고 한다.

빨강은 몸과 마음에 힘을 주는 에너지의 색으로 우리에게 활력을 주며 집중력을 주는 색이다.

빨간색의 음식을 먹으면 내부에서 에너지가 넘쳐나는 느낌을 줄 수 있다.

가장 지치고 힘들 때 빨간색의 음식과 장식으로 활동적이고 정열적인 하루를 보내는 것은 어떨까?

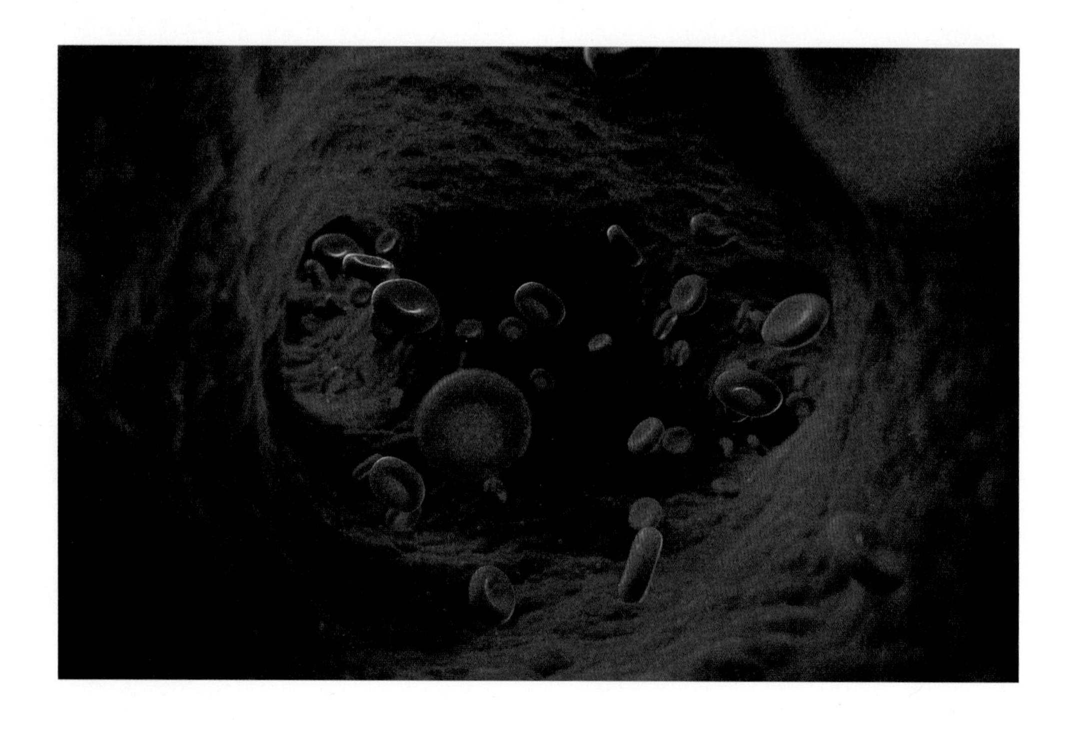

생명력의 상징

색은 언어 이상의 다양한 감정과 의미를 담고 있다. 빨강은 태양, 불, 피 등 강력한 생명력을 상징한다. 빨강의 상징은 불과 피에 대한 연상 작용에 의해 생명과 동일시된다. 바빌론과 에스키모 언어에서는 빨강은 '피와 같은'의 뜻으로 쓰이며 세계 어디서나 빨강의 상징은 불과 피로 통용되고 긍정적인 생명감을 나타낸다. 우리의 몸은 순환하는 빨간색의 피로부터 생명력과 활력의 근원인 에너지를 얻기 때문이다.
가톨릭에서는 미사 전례에 따라 제의 색상이 정해지는데 붉은 제의는 순교자의 피를 상징하는 것으로 알려져 있다.

스티븐 스필버그의 〈쉰들러 리스트(Schindler's List, 1993)〉는 유태인의 학살을 다룬 영화이다. 이 포스터에는 흑백 컬러의 배경에 빨간색 옷을 입은 어린 소녀가 등장하고 있다. 이 어린 소녀의 빨간색 옷은 강력한 생명력을 상징하고 있다.

따뜻함의 색

빨간색은 태양이나 타오르는 불로부터 강한 에너지를 느끼며 추위와 어둠에서 벗어나게 하는 힘이 있다.

불은 신의 형상이며 종교에서 신은 불꽃의 모습으로 나타나 있다. 가톨릭에서는 성령 강림절에 성령의 불꽃을 상징하는 빨강을 사용한다.

불은 더러운 것을 정화하는 능력이 있으며 불꽃의 빨강은 항상 따스함을 나타내는 색이다. 따뜻함을 연상시키는 빨강은 편안하고 포근하며 만족감을 느끼게 한다.

따뜻한 빨간색 계통이 적용된 실내 환경은 차가운 파란색 계통을 사용한 공간보다 훨씬 더 따뜻한 느낌이 든다.

빨강의 심리

빨간색을 선호하는 사람은 에너지가 넘치는 내면을 갖고 있으며 모든 일에 노력하고, 순수하여 주변의 약자를 도와주는 용기를 가진 진취적인 사람이다. 따라서 주변 사람들에게 인기가 많다. 언제나 누군가에게 에너지를 주면서 열정적으로 살아가고 있다는 것을 느끼고 싶어 한다. 그러나 감정의 기복이 심하고 다혈질인 면도 있다.

빨강은 기운이 없을 때 에너지를 주는 색이다. 빨간색은 지루함을 벗어나 의욕을 불어넣고 싶을 때나 강인한 힘을 강조하고 싶을 때에 사용하면 효과적이다.

빨간색 옷을 자주 입거나 빨간색을 많이 사용하면 무의식적으로 따뜻함과 활력에 대한 심리 욕구를 표현한 것으로 볼 수 있다. 반면에 빨간색을 기피하거나 거부하는 사람은 사랑에 대한 심리적, 정서적 영향을 충분히 체험하지 못한 것으로 추측할 수도 있다. 또한 피, 불과 관련되어 부정적 경험을 가진 사람은 강하고 선명한 빨간색을 기피한다.

열정의 색

빨강은 적극적이고 역동적인 열정의 색이다. 강렬한 열정으로 사람들을 자극하는 색이다. 열정적인 사랑에 빠지면 얼굴이 붉어진다. 빨간 장미와 빨간 하트의 심장으로 사랑을 표현한다. 동시에 짙고 어두운 빨강은 사랑의 증오와 복수의 색이 되기도 한다.
색의 영향은 상황에 따라 늘 변한다고 할 수 있다. 빨강은 사랑스럽고 에로틱하기도 하지만 두려움과 잔인한 색으로 느낄 수 있다. 빨강은 이성보다는 열정을 요구하는 모든 종류의 상징색이다. 경주용 자동차와 권투 선수의 장갑도 빨간색인 이유이다.
빨강은 따뜻한 색 중에서도 가장 대표적인 색으로 열정의 강렬한 힘의 색이다. 우리나라에서도 2002년 월드컵 이후 '레드 열풍'으로 사랑받는 컬러가 되었다.

최대의 경의와 극진한 예우

타오르는 불의 빨강은 따스함을 주는 색으로 추운 한대지방에서 빨간색에 대한 상징과 의미는 항상 긍정적이다. 추운 러시아에서의 빨강은 아름다운, 멋진, 좋은, 가치 있는 등의 의미를 가진다. 그래서 모스크바의 '붉은 광장'을 '아름다운 광장'이라고 불렀다.
빨강은 귀한 사람을 모시는 마음을 담은 색이다. 빨간 좌석은 성상을 모시는 자리이며 시상식에서의 빨간 카펫은 최대의 경의와 극진한 예우를 표한다. 빨간색은 따뜻한 이미지에 호화스러움이 더해져 귀빈을 맞이하는 색이다.
빨강은 축복과 길함을 나타내는 경사스러운 색으로 여겨져 혼례 의상을 비롯한 민족 복식이나 자수 장식 등에 많이 사용되었다. 우리의 전통 혼례에서도 청(靑)과 홍(紅)이 어우러져 귀한 축제의 흥을 돋우기도 한다. 우리나라의 전통 혼례에서 신부는 다홍치마에 빨간 연지를 찍었고, 인도 서부나 중동, 동유럽 등에서는 신부의 혼례용 장식에서 빨간색을 자주 볼 수 있다고 한다.

Be The Reds!

몸의 에너지 붉은색 음식

빨간색은 감각 신경을 자극하여 오감인 후각, 시각, 청각, 미각, 촉각에 도움을 준다. 또한 부정적인 사고를 극복할 수 있도록 해주며 활기를 갖게 한다.
빨간색은 혈액의 순환을 촉진하고 교감 신경을 흥분시켜 혈압과 심박수를 상승시켜 감각 신경을 자극한다. 생명력과 성욕을 증가시키고 상처의 치유력을 높이는 효과가 있다.
빨강은 순환이나 대사를 활발하게 하고, 신경과 호흡의 기능을 개선함과 동시에 저항력을 키워 주는 색이다.
빨강은 몸의 기능이 약해져 있는 경우에 전체 균형을 맞추고, 기분을 좋게 하는 효과가 있는 색이다.
헤모글로빈은 붉은색으로 구성되어 있어 간과 근육 조직, 좌뇌 반구를 활성화하고, 활력을 불어넣어 준다. 특히 붉은색을 띠고 있는 음식들은 일정한 진동의 파동으로 마음과 몸의 에너지를 높이며 혈류 속도를 빠르게 하여 동맥을 넓히는 효과가 있다. 붉은색 음식을 먹으면 피로를 잡고 활기를 찾게 된다.
활기를 찾고자 한다면 붉은 야채나 과일, 붉은 물고기나 살코기 등을 먹고 붉은색의 에너지를 충전하면 좋다. 또한 적색 호박, 딸기, 토마토, 그리고 참치 등도 우리 몸의 에너지원이 된다.
활력이 저하될 때, 화가 나거나 불만이 있을 때 붉은색의 음식들을 먹고 좋은 기운을 받아 보는 것은 어떨까?

악귀를 쫓는 색

빨강은 강렬한 색으로 악령이나 사악한 손길을 막는 데 효과적인 힘이 있다고 믿었다. 주술적 의미를 가진 빨강은 잡귀나 병을 막아내는 상서로운 기운을 가진 색이다.

우리나라는 예로부터 흉과 화를 방지하는 액을 막는 색으로 빨강이 사용되었다. 동짓날 먹는 팥죽은 강한 기운을 북돋우며 세시풍속에서 붉은 흙, 붉은 종이, 부적과 금줄의 빨간 고추 등은 무병과 화평을 기원한다. 태어난 아기의 백일이나 돌상에 붉은 수수로 만든 경단은 무병장수를 의미한다.

중세의 회화 작품 속에서 빨간 침대보, 빨간 커튼 등을 볼 수 있다. 이것은 빨강이 임산부를 출산의 위험으로부터 보호한다고 믿은 것이다.

아시아에서의 붉은색은 행운이나 축하의 색이지만 아프리카의 일부 지역에서는 붉은색이 애도의 표시가 되기도 한다.

위험이나 경고의 색

안전색채로서의 빨강은 위험이나 경고를 표출하는 색이다. 이 빨강이 검정과 만나면 더욱 강한 금지와 위험의 의미를 말한다.

일상적으로 경험할 수 있는 안전색채인 빨간색의 상징은 도로교통 영역에서 볼 수 있다. 신호등의 빨강은 멈춰야 하는 안전색채로서 정지, 금지의 뜻이 있으며 인화성 물질 경고, 금지 표지, 소화기, 경보기, 긴급 정지 등에 빨간색을 사용한다.

축구 경기에서 레드카드를 제시하면 즉시 퇴장해야 하며 레드존, 레드에어리어는 위험 지대, 출입 금지 구역을 뜻한다. 또한, 성인용의 영상 및 음성 매체의 경고 표시에도 빨간색이 사용되고 있으며 게임물에서는 청소년 보호법상 청소년 이용 불가에 빨강이 사용되고 있다.

국제자연보호연맹이 멸종 위기에 처한 동식물에 대해 발표하는 보고서인 레드리스트의 레드는 위기를 의미한다.

빨강과 초록의 배색

인간의 감정은 색보다 훨씬 다양하다. 색채에 대한 선호도는 개인적이고 주관적인 부분이기 때문에 모두 동일한 색을 좋아한다거나 싫어할 수는 없다. 때로는 같은 색이라 할지라도 전혀 다른 상충하는 영향을 나타내기도 한다.

빨강과 초록의 배색은 강렬하면서 자연스러운 보색 대비가 된다. 두 색의 배색은 선명하며 강렬한 보색 대비로 활기차고 즐거움을 준다. 12월이 되면 크리스마스 장식품에 빨강과 초록의 배색을 많이 사용하고 있다.

빨강은 다른 색보다 사람의 시선을 끄는 효과가 뛰어나 주의를 끌고 강조하고 싶을 때 주로 사용하는 색이다. 그러나 지나치게 많이 사용하면 피로감을 줄 수도 있고 주의가 산만해질 수도 있으므로 조심해야 한다.

빨강의 브랜드 컬러

색채는 주어진 상황과 사람의 행동에 많은 영향을 끼친다. 색채는 제품이나 기업의 인상을 바꾸기도 하고 목적에 맞게 상징성을 담아 전달하기도 한다.

기업의 브랜드 색상은 기업이 추구하는 의미를 잘 전달하는 데 유용하다. 브랜드 색상으로 대부분의 기업이 사용한 빨강은 첨단기술을 세계화, 상용화시켜 나가는 열정과 역동성을 색으로 전달하고자 한 것이다. 그리고 기업의 심벌과 로고로 그 의미를 나타내고 있으며 빨강의 따뜻함으로 편안하고 만족감을 느끼도록 표현하고 있다.

미국의 대표적 청량음료인 코카콜라의 고유 색상이 빨강이다. 코카콜라 제품의 특징과 잘 조화된 빨강의 강렬함은 코카콜라의 짜릿한 맛을 느끼게 해준다.

또한, 코카콜라의 빨간 바탕의 흰색 글씨는 산타클로스의 빨간 옷과 흰 소매로 형상화하고, 흰 수염은 거품을 의미하여 코카콜라와 산타클로스의 이미지를 매치시킨 광고는 색채 마케팅을 통해 매출 증진의 대표적인 예를 보여 준다.

달콤한 맛 빨강

빨강은 에너지가 넘치는 색으로 어린아이들이 좋아하는 색이다. 어린아이들은 형태보다 색채에 민감하여 에너지 발산을 촉진하는 효과가 있는 빨강을 좋아한다. 어린아이들은 호기심이 왕성하고 순수하여 활동적이고 외향적인 경향이 있어서 빨강을 선호하는 것이다. 어린아이들이 빨강을 좋아하는 또 하나의 이유는 제일 먼저 배우는 색의 이름이기도 하고 빨강이 어린아이들이 좋아하는 단맛과 결합하여 있기 때문이라고 한다.

색채심리학자인 파버 비렌(Faber Biren)은 "모든 색채는 그 색상마다 인간에게 각각 다른 느낌을 주는데, 실제로 상품 판매, 성격, 음식 맛까지 좌우한다."고 하였다.

색과 맛의 연상 실험에서 같은 음료를 파란색 컵과 초록색 컵 그리고 빨간색 컵에 담고 각각 마시게 한 후 가장 단맛이 느껴지는 컵의 색을 물으니 어린아이들 대부분이 빨간 컵에 담긴 음료가 가장 단맛이 느껴진다고 대답했다는 결과가 있다.

매운맛의 빨강

성인들도 가장 먼저 떠오르는 색으로 대부분 빨강을 생각하는데 이것은 빨강을 가장 좋아해서가 아니라 빨강과 색이 같은 의미로 인식되어 왔기 때문이라고 할 수 있다.

빨강은 매운맛을 느끼게 해주며 식욕이 증진되도록 도와주는 효과가 있는 색이다. 식품을 만드는 기업에서는 색채와 미각의 관계를 색으로 표현하여 색채 마케팅에 활용한다.

미각은 주로 색상의 영향을 많이 받는데, 붉은색 계열은 식욕을 돋우고 파란색 계열은 식욕을 떨어뜨리는 경향이 있다.

정사각형의 빨강

미국의 색채학자 파버 비렌은 색채의 심리와 색이 인간에게 미치는 영향에 대한 연구에서 형태는 색채와 서로 밀접한 관계가 있다고 하였다. 그는 빨강은 정사각형, 주황은 직사각형, 노랑은 삼각형, 초록은 육각형, 파랑은 원, 보라는 타원형을 연상시킨다고 하였다.

파버 비렌은 색채와 형태를 결부시켜 빨강은 중량감과 안정감, 주황은 긴장감, 노랑은 주목성, 녹색은 원만함, 그리고 파랑과 보라는 유동성의 성질을 갖는다고 하였다. 모든 색채는 그 색상마다 인간에게 각각 다른 느낌을 주는데 실제로 상품 판매, 성격 그리고 음식 맛까지 좌우한다고 이야기하고 있다.

빨강과 관련된 말들

우리는 일상생활에서 빨강과 관련된 말을 많이 사용한다.

'새빨간 거짓말'의 의미는 전혀 터무니없는 거짓말을 뜻한다. 또는 아무 관련도 없는 의미로서 전달되고 있다.

'얼굴이 붉으락푸르락하다'는 화가 단단히 난 것이며 '얼굴이 빨개진다'는 당황하거나 잘못된 것을 깨닫고 얼굴이 상기된 표정의 의미를 뜻한다.

홍안은 혈색이 좋은 얼굴이며 홍일점은 많은 남자들 중 하나뿐인 여자를 말한다.

홍진은 붉게 일어나는 먼지로 번거로운 세상을 비유하여 이르는 말이다.

우리 속담에 '같은 값이면 다홍치마'라고 있는데 값이 같거나 같은 노력을 한다면 품질이 좋은 것을 택한다는 말이다. 여기서 다홍색은 짙은 붉은빛을 뜻한다.

중요한, 특별한 환영의 의미로 red carpet, 긴박함의 의미로 red message, 적신호, 위험 신호의 red light가 있다.

색이 가진 힘은 사물의 형태보다 표현적인 힘이 더 강하다고 할 수 있다.

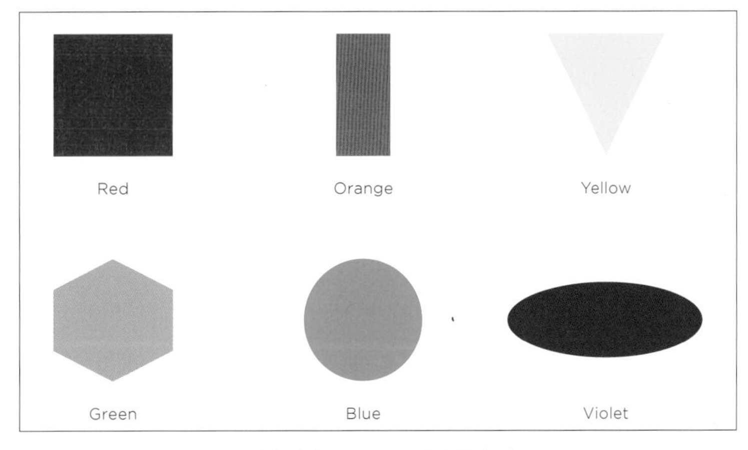

파버 비렌(Faber Birren)의 형과 색

이념과 정치의 색

빨강은 아주 오래전부터 정치적인 색이었다. 노동자 운동의 붉은 깃발은 1907년 러시아 혁명으로, 사회주의와 공산주의의 깃발이 되었다. 빨강은 마르크스 레닌주의의 정치적인 색이었다. 국기에 들어간 빨강의 의미는 국가마다 약간씩 차이가 있다. 일본은 아침의 태양을, 대부분의 공산 국가들은 혁명과 승리를 뜻한다.

히틀러(A. Hitler)는 붉은색을 잘 사용한 대표적인 인물로 나치당의 기를 제정할 때, 색이 갖는 심리적인 효과를 이용하였다고 한다. 바탕색은 붉은 피를 상징하는 빨강으로 하여 피의 순수성을 자신의 정치사상과 동일화하였고 대중연설이 있을 때마다 붉은 기를 이용하여 투쟁을 극대화하도록 유도하였다.

왕족과 귀족의 색

빨강이 가진 힘과 생명력의 상징이 곧 권력을 가진 왕의 색이 되기도 한다. 색은 문화와 관습의 차이로 인해 국가마다 달리 해석할 수 있다.

우리나라에서 빨강은 전통적으로 왕족의 색으로 여긴 특별한 색이다. 중국에 대한 사대주의의 영향으로 노란색 옷을 입을 수 없었던 조선 시대의 임금이 입었던 곤룡포는 빨간색이었다. 빨강은 충신을 상징하는 색이다.

동양에서의 빨강은 왕족의 색으로 상류계급을 동경하는 뜻을 담고 있다. 서양에서는 귀족이나 왕족의 복장을 상징하는 색으로 지배자인 귀족들이 신하에게 금지한 색이다. 신분에 걸맞지 않은 빨간 옷을 입으면 사형에 처했다.

ORANGE

즐거움의 '주황색'

주황색... 젊음과 사교적, 자유분방함의 색

주황색의 의미

주황색 이름은 과일 오렌지에서 따온 색으로 영어로 Orange이다. 과일 오렌지는 인도가 원산지로 인도에서는 '나렝(nareng)'이라고 불렀으며 아라비아로 건너와서는 '나랑(narang)'으로 불렀다. 주황색의 어원은 오렌지의 광택이 황금의 광택과 유사하여 프랑스어로 황금을 뜻하는 '오르(or)'와 오렌지를 뜻하는 '나랑(narang)'의 합성어이다.

상징과 연상

긍정의 상징	따스함, 낙천적, 활기, 기쁨, 행복, 호기심, 젊음, 사교적
부정의 상징	가벼움, 경박함, 자유분방함, 비현실적, 흥분
구체적 연상	오렌지, 노을, 가을, 추수, 등불, 화염, 귤, 감, 단풍, 당근, 석양

주황은 가시(可視) 스펙트럼에서 585나노미터부터 620나노미터의 장파장에 속하는 색이다. 빨강과 노랑의 중간색으로 이차색이며 빨강이 많은 주홍부터 노랑과 검정이 섞인 갈색까지 다양한 색을 가진다.

주황색 하면 무엇이 떠오를까?

긍정적인 성격의 에너지와 활기, 따뜻함과 낙천적, 저녁 노을을 볼 때의 기쁨과 행복이 연상된다. 주황은 호기심과 젊음의 색이다. 주황은 빨강과 노랑의 혼합색으로 이 두 색이 연결된 관계성과 보완적인 역할을 하는 색이다. 따라서 주황은 중간색으로서 따뜻하고 편안하며 갈등을 이완시키는 효과를 가진다. 동시에 불안을 유발하거나 경계의 의미를 나타내는 색이다.

주황은 사교적인 성격을 가지고 있는 색이다. 그리고 가벼움, 경박함, 튀는 색으로 자유분방함, 비현실적, 흥분 등의 상징성이 함께 있다. 주황색의 구체적 연상 이미지는 오렌지, 노을, 가을, 추수가 떠오른다. 다른 색과 배색을 할 경우에 주황을 너무 많이 사용하면 오히려 가볍고 비현실적인 느낌을 줄 수 있어 신중하게 사용해야 한다.

명도가 낮고 저채도의 주황색은 은은하며 고전적이다. 반면에 채도가 높은 강렬한 주황색은 오히려 피곤한 느낌을 줄 수 있어 조심하여 사용할 필요가 있다. 그러나 채도가 높고 선명한 주황을 포인트 색으로 사용하면 활력을 주어 효과적이다.

주황의 심리

주황색을 선호하는 사람의 심리는 심성이 착하고 밝고 화려하며 주변 사람들과 늘 사교적이다. 고독을 싫어하여 혼자 쓸쓸한 외톨이로 지내지 않는다. 언제나 상냥하고 미소를 잃지 않으며 깊은 애정을 쌓기보다는 가벼운 관계를 선호하는 성격이다.

정열의 빨강과 즐거움의 노랑이 혼합된 주황은 성격이 온화하고 늘 즐겁고 활기차며 적극적인 색이다. 주황색을 좋아하는 사람은 주황색 속에 있는 노란색의 영향으로 뇌가 자극되어 웃고 싶거나 생각하는 것을 곧 이야기하고 싶어 한다. 가끔은 튀는 색으로 외향적이고 개방적이어서 과시적인 면으로 보일 수도 있다.

주황색을 지나치게 좋아하거나 사용하는 사람에게는 주황색의 보색인 청록색의 옷이나 구두 또는 장식품 등을 활용하여 심리적 균형을 가질 수 있도록 권하는 것이 좋다.

역동적인 에너지와 자신감 그리고 자긍심을 불어넣어 주는 활기찬 에너지가 필요하다면 즐거움의 주황색을 선택해 보는 건 어떨까?

주황색의 배색

주황은 에너지가 강한 색으로서 활력을 가지고 있으며 노랑과 빨강이 함께 배색되면 즐거움을 줄 수 있다. 또한 금색과 배색이 되면 향유를 나타낸다. 보라색과 배색하면 튀는 느낌을 주며 초록색과 배색하면 상쾌하고 신선한 향기를 가득 내뿜는다.

특히 주황색 계열과 초록색 계열의 조화로운 배색은 빨강과 초록만큼이나 잘 어울리는 배색이다. 아이들 방의 인테리어에 추천하는 배색으로 자연의 편안함과 안정감을 주기 때문이라 할 수 있다.

인테리어에서의 주황색은 온화한 빛과 따뜻함의 결합체로 포근하고 아늑한 공간 분위기를 만든다. 주황은 긍정적인 에너지를 주기 때문에 인테리어에 많이 사용되고 있는 색이다.

주황색은 노란색처럼 눈부시지 않으며 빨간색처럼 덥지 않아 주위를 편안하게 밝히고 따뜻하게 한다. 주황은 정신과 육체가 함께 즐거운 이상적인 색이다.

늘 함께 하는 주황색

주황색은 너무도 자연스러워 어떤 장소에서도 쉽게 발견하지 못한다. 우리 주변에 주황색이 매우 많은데도 잘 의식하지 못하는 것이다. 아침저녁으로 감격하며 바라보는 떠오르는 태양 빛과 붉은 노을빛도 주황색이고 즐겨 먹는 당근과 호박도 주황색이다.

금붕어도 빛나는 주황색이며 호랑이의 줄무늬도 검정과 주황으로 되어 있다. 붉은여우도 주황색이며 오랑우탄 새끼도 주황색이다.

우리나라 남해에 있는 독일 마을의 지붕들은 주황색으로 되어 있다. 특히 건축공간과 주거환경 인테리어에 어울리는 배색으로 주황색 계열을 많이 사용한다. 이렇듯 환경색채에 어울리는 이유는 주황색이 가진 모성적인 자애와 의존성이 색채에 담겨 있기 때문이다. 주황색 건축물과 인테리어는 우리 공간에 무수히 많은데 우리가 알아차리지 못하는 경우가 많다.

주황색과 관련된 말들

주홍 글씨는 씻기 어려운 불명예스럽고 욕된 판정이나 평판을 비유적으로 이르는 말이다.

오렌지 혁명은 2004년 우크라이나 대통령 선거에서 여당의 부정 선거를 규탄하며 재선거를 이끌어 낸 시민 혁명이었다. 당시 시위자들은 야당을 상징하는 오렌지색 옷을 입거나 오렌지색 깃발을 들고 시위에 참여하였다.

주황색 경보는 대기오염 경보 단계 중 두 번째로 높은 단계를 말한다. 오렌지족은 소비 지향적이고 개방적인 성(性)을 즐기는, 부유층의 젊은이들을 속되게 이르는 말이다.

Україна
до Львова!
ТАЇ ОЙ

주황은 맛있는 색

에너지를 상징하는 오렌지 계열의 과일은 효소가 풍부하고 맛있다. 특히 비타민이 풍부하여 에너지원을 공급하고 면역계의 기능을 강화한다. 주황의 음식은 우리의 소화기관에 작용한다. 섬세하고 부드러운 힘이 있어 장애물과 맞서는 강인함을 제공하는 색이다.

빨강은 단맛이 나고 노랑은 신맛이 나는데, 주황은 이 두 색의 특징을 모두 가진 새콤달콤한 맛이 느껴진다. 식욕을 증진하는 역할의 주황은 식욕을 돋우는 색이다. 살구, 복숭아, 망고, 당근, 새우, 연어 등이 주황색이며 따뜻하고 바삭하게 구워낸 빵도 주황색을 띤 갈색이다.

주황은 맛있을 것 같은 생각이 들어 원기가 부족할 때 주황색 음식을 찾게 된다.

주황색 음식은 위장기능을 활발하게 해주며 식욕을 왕성하게 해주며, 소화 작용 효과와 위나 장에 독소를 저장하지 않도록 도와준다.

주황색 음식은 면역계의 기능을 강화하며 남성 호르몬과 여성 호르몬의 밸런스를 잘 조절하므로 갱년기 장애에서 불임 치료까지 폭넓게 도움을 줄 수 있다. 또한 천식, 기관지염, 류머티즘, 골절 등에도 도움을 준다. 주황색은 신장과 연관되어 있으며 부신을 관리한다.

주황색의 음식과 주황색의 식탁보 그리고 주황색 접시는 주황의 에너지를 취하는 것이 된다.

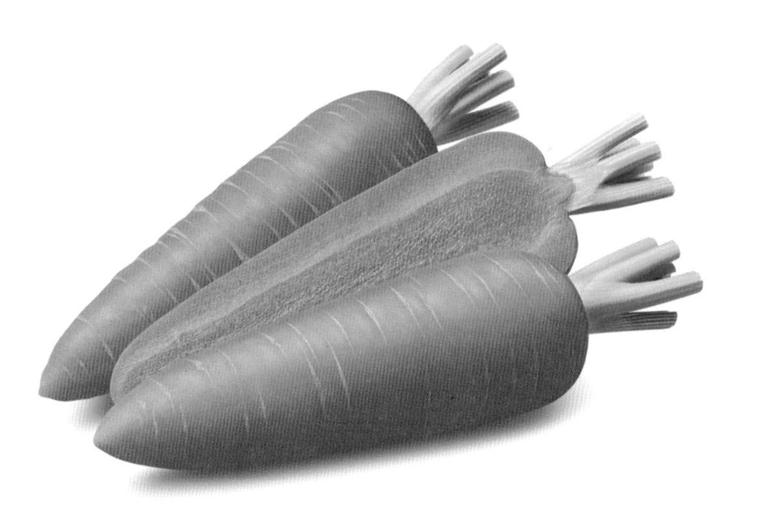

안전색채

안전색채란 색으로부터의 연상과 상징 등을 이용해 사업장이나 교통 보안시설의 재해 방지 및 구급 체제(救急體制)를 위한 시설에 사용하는 색채를 말한다. 한국산업규격(KS)에 의해 적용 범위와 색채의 종류 및 사용 개소와 색의 지정이 규정되어 있다.

주황색은 산업 현장에서 위험을 방지하는 안전색채로 사용한다. 움직이는 기계류의 위험 표시, 위험물질, 배전판, 공장의 위험 표시 등의 중요 부분 색으로 주황색은 위험을 알려 준다.

어두운 검은색과 주황색을 함께 사용하면 눈에 잘 띄는데, 위험한 일이 생겼을 때 사용되는 구조용 보트나 튜브, 구명조끼 등에 사용되고 있다. 구명조끼는 빛의 조건과 무관하며 바다와 가장 강한 대조를 이루기 때문에 주황색으로 사용한다. 도로 현장에서 일하는 노동자들의 안전조끼도 주황색으로 주위가 어두울 때 가장 눈에 잘 띈다.

깨달음의 주황색

불교에서의 주황은 완벽한 상태의 깨달음의 상징색이다. 승려들의 옷은 주황색이다. 주황색이 갖고 있는 상징은 황혼, 번민, 초조, 성취 등이며 구도자(求道者)의 색으로 속세를 떠나 사는 라마승의 의상 색이다.

인도의 국기는 주황과 흰색, 녹색으로 되어 있는데, 주황색은 불교를 상징하며 용기와 희생정신을 의미하고 성스러움의 뜻이 있다.

인도에서는 주황색이 높게 평가받고 있는데 주황은 곧 인도인의 피부색이다. 인도의 회화에서 신은 주황 피부로 그려져 있고 어디서나 사람들은 신이 자신들과 같은 모습이라고 생각한다.

YELLOW

기쁨의 '노랑'

노란색... 순수와 귀여움, 질투의 색

노랑의 의미

노랑의 영어 yellow는 고대의 영어 gold와 독일어 gold의 어원이 같다. 영어의 노랑은 yellow, yellowish로 세분되어 있으며 햇병아리 몸통의 털 색, 밝은 노랑과 봄에 피는 개나리꽃의 색, 진한 노랑, 선명한 노랑 등 노란색은 모든 색채 중에 명도와 채도가 가장 높은 색으로 명시성이 높다.

상징과 연상

긍정의 상징	밝음, 동심, 순수, 귀여움, 사랑스러움, 희망
부정의 상징	미숙한, 연약, 유치, 불안, 피로, 질투, 시기
구체적 연상	병아리, 유치원, 바나나, 금, 레몬, 프리지아, 노랑나비, 태양, 개나리

노란색은 가시 스펙트럼에서 576나노미터부터 580나노미터 사이의 색이며 무채색의 흰색 다음으로 밝은 유채색이다. 유채색 중에서 명도와 채도가 가장 높은 색이다. 노랑의 상징적 의미는 명랑과 생동감, 즐거움 등이 있다.
노랑은 물감의 삼원색 중의 하나로 일차색이다. 빨강 그리고 파랑과 함께 원색으로 다른 색과 혼합하여 만들 수 없는 색이다. 동양에서의 노랑은 오정색의 하나이며 동서남북의 중앙에 위치하여 땅을 상징한다. 또한 노랑은 태양의 색으로 명랑하고 쾌활함을 나타낸다.
낙관주의적인 노랑은 친절함을 나타내는 색이다. 스마일 운동의 로고는 노랑으로 미소 짓는 웃음을 상징하고 있다. 노랑은 항상 즐겁고 행복하다. 해바라기, 병아리, 개나리, 봄 등을 연상할 수 있으며 발랄, 애교의 상징성을 가진다. 따라서 어린아이들에게 인기가 있고 가장 잘 어울리는 색이라 할 수 있다.
우리나라의 표준국어대사전에는 노란색을 병아리나 개나리꽃의 빛깔과 같이 매우 밝고 선명한 색이라고 하였다. 우리말 노랑의 파생어는 노랗다, 누렇다, 누르뎅뎅하다, 누르죽죽하다, 샛노랗다 등이 있다.

노랑의 심리

태양의 상징으로 노랑의 이미지가 형성되었기 때문에 노랑은 지적 능력을 나타낸다. 노랑은 자신감과 낙천적인 태도를 갖게 하는 힘이 있다. 따라서 낙관주의자들은 태양의 성품을 가지며 그들의 색은 노랑이다.

노랑을 선호하는 사람의 심리는 세심하고 명석하며 이성에 지배된다. 노랑은 새로운 아이디어를 얻는 데 도움을 주는 색이다. 과학자들은 지적인 노랑의 기질로 모든 방법들을 동원하여 밝혀내고 연구한다.

노랑을 좋아하는 사람은 늘 새로운 것을 추구한다. 그래서 자유로운 사고방식과 거침없는 행동으로 주변의 많은 사람들에게 인기가 많다. 언제나 명랑하고 친근하게 상대를 대하며 일의 주최나 주관하는 행사의 리더 역할을 잘한다. 노랑은 탁월한 의사소통을 지닌 사람들의 색이다.

행복의 색

행복의 바이러스 노랑은 황금빛 노랑이라 하여 귀중한 것을 뜻한다. 노랑은 풍요의 색채이며 황금의 색채이다. 그래서 노랑은 고귀한 대접을 받는다.

실내 공간의 색을 정할 때 즉흥적인 선택보다는 조금의 노력을 기울여 가장 적합한 색으로 해야 한다. 풍수지리에서는 집의 현관 안쪽에 노란색의 꽃이나 그림을 두면 행복과 재물이 함께 들어온다고 한다. 노랑은 건강과 지식 그리고 부와 권위 등 풍요로움의 상징이다.

우울한 일들이 지속될 때 밝은 희망을 찾고자 한다면 우리 주변의 인테리어, 소품, 침실 등에 노란색의 물건이나 그림을 활용해 보면 어떨까? 기분이 좋아지고 명랑해지며 행복해질 것이다.

안전색채 노랑

노랑은 색 중에서 주목성이 가장 높은 색이다. 안전색채로 사용되며 경고나 주의의 뜻이 담겨 있다. 주목성이 높은 노랑은 표지판과 신호등에서 볼 수 있다. 또한 노란색 바탕 위에 검은색 글씨로 독성이나 폭발성이 있는 물건과 방사성 물질을 알리는 경고를 표시하는 데 사용된다.

경기장에서 yellow card는 경고의 의미이며 신호등의 노랑도 신호 변경 예고를 뜻한다. 오래전에는 선박에 노란 깃발을 달아 전염병 발생을 알렸다. 또한 중세에는 노란 깃발을 도시에 달아놓고 페스트가 발생했음을 알렸다. 어디서나 경고의 노랑으로 사용되는 색으로 멀리 있어도 뚜렷하게 보이며 선명하여 국제적인 경고의 상징색으로 사용된다.

노란색은 LPG 같은 위험한 가스를 상징하는 데 사용된다. 실제로 실내의 가스 파이프는 노란색으로 칠해져 있는 경우가 많으며 지하에 가스관이 묻혀 있는 경우에는 그 위에 노란색 플라스틱을 놓고 흙을 덮는다. 나중에 그곳을 팠을 때 가스관이 있다는 것을 바로 인식할 수 있게 한다.

유아들이 가장 좋아하는 노란색은 어린이의 비옷, 장화, 우산, 유치원 차량 등에 사용되는데, 안전의 의미를 담고 있다. 노랑은 어디서나 눈에 잘 띄기 때문이다.

아로마테라피(aromatherapy)의 노랑

노랑은 젊은 층보다 노년층에 인기가 많은데 찬란한 황금빛에 대한 긍정에너지 이미지 때문이다.

노란색의 음식은 신맛과 달콤한 맛을 느끼게 해주어 식욕을 촉진한다. 특히 노란색의 과일이나 야채에 함유된 카로티노이드 성분은 항암효과, 항산화효과가 있어 노화를 억제하는 효과가 있다. 꿀, 레몬, 늙은 호박, 밤, 생강, 잣 등에 풍부하다. 노란색은 소화, 피부, 신경계 등 모든 기관과 관련된다.

노랑의 긍정에너지는 운동 후 근육 등에 에너지를 생성하는 기능을 자극하고 몸을 회복시키는 효과가 있는 색이다.

고통스러운 기억을 잊고자 할 때 노랑의 음식이나 과일을 먹어 보는 것은 어떨까?

부정의 색

노랑은 대체로 부정적인 감정을 연상하여 인기가 없는 색이다. 녹색을 띠고 있는 노랑은 불쾌한 유황 냄새를 연상시키며 세월이 지나 선명한 노랑은 누렇게 변하기도 한다. 노랑은 다른 어떤 색보다도 주변의 영향을 쉽게 받기 때문에 불안전한 색이다.

노랑이 검정을 만나면 불순함을 나타내는 상징색이 된다. 이때 칙칙한 노랑은 시기, 배반, 거짓, 의심, 불신의 표현이 된다. 노랑은 정치적인 색, 배반의 색으로 부정적인 의미를 지녔다.

서양에서는 노랑은 편견, 박해, 비겁함을 상징한다. 오래전에는 전염병의 염려가 있는 배가 검역을 위해 정박 중일 때 노란색의 깃발을 꽂아 표시하였다. 프랑스에서는 새로운 정권에 대한 반역자로 여겨지는 사람의 집 현관에 노란색 페인트를 칠하기도 하였다. 노란 장미는 질투나 부정의 꽃말을 가지고 있다. 이집트에서 노랑은 상복의 색이며 스페인에서는 사형집행인의 옷이 노란색이다.

긴 시간 깊은 대화를 해야 할 장소에 노란색을 과하게 사용하면 진실성이 결여되어 보일 수도 있으며 상대방의 주의력이 산만해질 수 있으므로 주의해야 한다.

종교와 정치에서 노랑

노랑은 다른 어떤 색보다 밝아 태양, 빛을 상징한다. 태양 빛은 무색이지만 노랑으로 느껴진다. 노랑은 모든 색 가운데 가장 밝고 가벼운 색이다. 빛의 색으로 의미가 전이되면서 깨달음의 색이 되기도 한다. 신의 상징색으로 노란빛을 사용하고 주변의 광채를 노란빛으로 표현한다.
중국에서는 최고의 권력을 지닌 색으로, 황제의 의복과 중국 자금성의 지붕도 노랑으로 신성시되어왔다. 전 세계에서 가장 평화를 중시하는 티베트의 불교 의식에서 영적 지도자인 라마들은 노란색 모자를 착용한다. 노란색 모자로 가장 유명한 라마는 달라이 라마이다. 힌두교의 축제에서는 봄이 왔음을 알리는 노란색 드레스를 입은 젊은 여성들이 거리를 가득 채우고 겨자꽃이 활짝 핀 인도의 들판을 행진한다.
정치적으로는 노랑이 민주주의와 자유의 상징으로 통한다. 우리나라에서는 세월호 침몰 사고 희생자를 기리는 상징의 리본 색이다.

노랑과 관련된 말들

비겁하고 사악한 사람을 '노랑이(yellow dog)'라고 한다. 구두쇠나 노랭이도 노랑이다. 돈만 좇는 사람은 피부가 노랗게 변하는 황달에 걸렸다고 말하기도 한다.
노랑은 모든 화의 색이기도 하다. 시기심이 가득한 노랑으로 여겨지는데, 질투심을 상징한다.
부정적인 말 노랑으로는 '싹이 노랗다'라는 애초부터 가능성이나 장래성이 전혀 보이지 않음을 비유한 말이다.
'하늘이 노랗다'라는 사태가 절망적이거나 지나치게 피로하여 기진맥진한 경우를 의미하는 말이다.
옐로페이퍼(yellow paper)는 저속하고 선정적인 신문을 가리키는데, 이는 신문에 연재된 'the Yellow Kid'라는 만화에서 비롯되었다. 미국에서는 업체 목록이 있는 전화번호부를 'Yellow Pages'라고 부르는데, 노란색 종이에 인쇄하기 때문이다. 대중화된 고유 명칭 중 하나라고 볼 수 있다.

배색에서의 노랑

노란색 바탕에 쓰인 검은색 글씨는 배색에서 최적의 효과로 멀리 있어도 글자가 잘 보인다. 그래서 교통 표지판은 노랑 바탕에 검은색 글씨이다. 또한 노랑은 최적의 장거리 효과를 가지는데 노랑의 테니스공은 멀리 있어도 잘 보이는 효과가 있다. 국제 사이클 대회에서도 멀리서도 눈에 잘 띄도록 노란 유니폼을 입는다. 위험한 일이 생기거나 표시를 할 때도 노란 리본을 나무나 울타리 혹은 자동차 안테나 등에 달아 놓는다.

주변 배경이 어두울 경우에는 매우 눈에 잘 띄어 도로 표시나 어린이들 옷에 노란색을 사용한다. 그러나 주변 배경이 밝으면 가독성이 떨어진다. 이때는 채도와 명도를 낮춰서 가시성을 최소한 맞추어 사용하면 좋다.

노랑 계열 중 연한 노랑은 사람을 편안하게 해주며, 짙은 노랑은 답답하고 불편한 느낌을 준다.

집착의 노랑

노랑은 1890년에서 1900년까지 유행했으며 화가 모리스(Morris, William)와 로세티(Rossetti, Dante G.)가 애호하는 색상이었다.

노란색에 대한 광기와 집착이라고 할 만큼 빈센트 반 고흐(Vincent van Gogh)는 그의 작품에 노랑을 많이 사용하였다. 고흐의 작품 〈해바라기〉는 태양처럼 이글거리는 광기의 역동적인 강한 힘과 노랑의 연약함을 동시에 느낄 수 있다. 노랑은 그 자신 안에 있는 창조적 에너지를 의미하는 빛 에너지를 표현한 것이다. 노랑은 반 고흐의 상징적인 색이다.

태양의 색 노랑은 희망과 정열을 뜻하기도 하지만 불안과 모순, 불안정을 의미하기도 한다. 그의 작품에서 선명한 노란색의 해바라기는 단순히 꽃의 이미지를 넘어 자연의 생명력을 담아내고 있다. 노랑으로 표현되는 에너지는 고흐 자신의 삶을 유지하게 한 창조적인 힘이다.

Vincent van Gogh
De Slaapkamer / The Bedroom (detail)
Arles, 1888
Van Gogh Museum (Vincent van Gogh Stichting/Foundation)

노랑의 형태와 음계

색은 언제나 형태와 함께 이미지를 떠올리는데 노랑은 삼각형의 형태로 인식된다. 중세에는 신의 상징으로 노란 삼각형 그림을 그렸는데 노란 삼각형 안에 그려진 눈은 깨달음의 상징이다. 삼각형 안의 눈은 모든 것을 알고 모든 것을 보고 있으며 노랑은 빛을 의미하고 깨달음을 의미한다.

뉴턴은 색 스펙트럼에서 얻은 7가지 순색을 7음계와 연계하여 스펙트럼 순서대로 표준음계가 느껴진다고 하였다. 이 이론은 색채음악으로 발전하였는데, 색채와 음악의 관계를 모티프로 작업하여 소리를 시각적으로 표현한 칸딘스키의 작품도 볼 수 있다.

브랜드 컬러 노랑

제품만큼이나 소비자의 시선을 강렬하게 사로잡는 것은 컬러이며 이러한 브랜드 컬러는 철저한 소비자 조사를 통하여 결정한다.

대형유통업체인 이마트의 브랜드 컬러는 노랑이다. 이마트의 노랑은 주의를 집중시키며 즐거움을 준다. 이마트의 노랑은 긍정적인 에너지이며 그 속에서 따뜻함과 친숙함의 상징으로 명확한 차별화를 선택하여 성공하였다.

의약품 중 노란색의 대표적인 브랜드는 레모나이다. 레모나의 노랑은 긍정의 에너지와 비타민 C를 보충해주는 색이다. 생각만으로도 침이 고일 정도인 레모나의 노랑은 우리에게 깊숙이 브랜딩되어 있다.

최고의 명품 브랜드 에르메스와 카카오톡의 가시성을 돋보이게 한 노랑도 성공 사례이다. 추억의 빙그레 바나나 우유는 달콤한 바나나의 노란색으로 건강하고 맛있는 우유를 표현하였다.

브랜드 컬러는 색을 단지 선택하는 것이 아니라 철저하게 설계하는 것이다. 브랜드의 가치를 잘 전달하고 제품의 기능과 콘셉트를 설득력 있게 설계하여 브랜드의 차별화를 꾀하는 것이다.

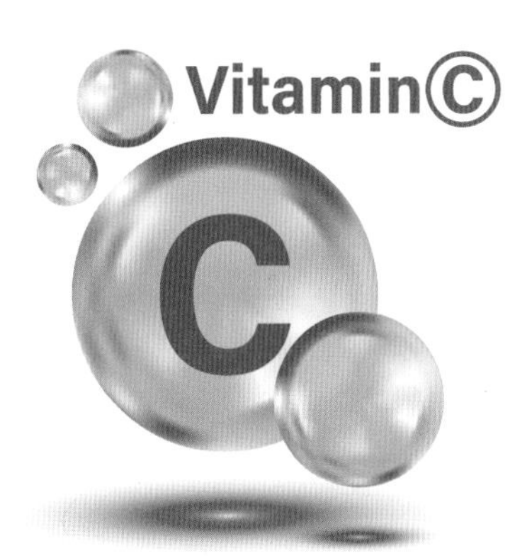

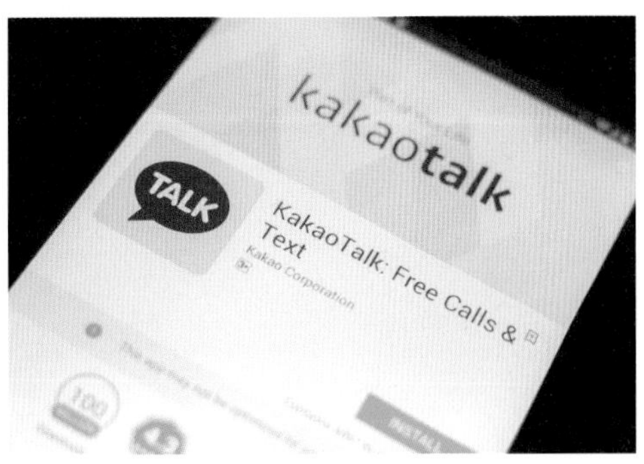

GREEN

자연의 '초록'

초록... 심신의 안정과 휴식을 주는 초록

초록의 의미

영어의 green은 동사 'grow'에서 나온 형용사이다. 흔히 초록이라고 불리는 색은 이외에도 옥색, 연두색, 국방색, 비취색, 올리브그린(olive green), 에메랄드그린(emerald green) 등 아주 많은 이름을 가지고 있다.

상징과 연상

긍정의 상징	성장, 풍요, 결실, 관용, 재능, 신선, 행운, 아낌없는, 애정 어린, 평화, 안전
부정의 상징	붕괴, 쓴, 의심, 질투, 부패, 불운, 탐욕, 선망
구체적 연상	자연, 나무, 숲, 배추

초록은 대표적인 안정과 휴식의 색인데, 그것은 초록이 우리에게 자연을 떠올리게 하기 때문이다. 봄날의 새싹에서 볼 수 있는 연두색에서부터 여름날 무성해진 숲의 초록, 또 가을 단풍과 어우러진 진초록까지 자연에서 가장 흔히 볼 수 있는 색이며, 가장 지배적인 자연의 색이다. 초록은 우리에게 생명과 휴식을 주고, 차분하고 안정된 감정을 유지할 수 있게 함으로써, 가장 이상적인 상태를 만들어 준다. 자연이 우리에게 주는 또 다른 의미는 자연의 에너지를 통해 성장하고 재생되고 치료되는, 생명력의 색이다. 누구나 한 번쯤 지치고 힘들 때에 복잡한 도심을 벗어나 산이나 바다처럼 자연으로 가고자 하는 마음이 생기는데, 이 자체가 바로 자연이 가진 힘을 본능적으로 알고 있기 때문이다. 이런 날 가까운 야외에서라도 삼림욕을 해보는 것은 어떨까?
초록색은 어떻게 만들어질까?
누구나 알고 있듯이 노랑과 파랑의 두 원색이 합쳐져서 만들어진다. 따라서 두 가지 색의 느낌과 영향을 동시에 받는다. 파랑의 통찰력과 직관력, 노랑의 집중력과 낙관성으로 긍정적인 상징을 하게 된다.
초록은 매우 긍정적인 색이다. 이로써 정신적, 물질적으로 풍요를 가져다주고, 항상 조화롭게 양면을 함께 인식하게 해준다.

초록은 안전색채

초록은 안정감과 신뢰감의 색이며, 빨강, 노랑, 파랑, 흰색, 검정 등과 함께 여러 가지 안전색채로 사용된다. 우리 주변의 도로 표지판과 실내에서 비상구의 표지판은 우리에게 가장 익숙한 초록색이다. 초록은 구급, 구호의 의미로 대피 장소나 비상구, 구호물품 등에 사용되는 색이다. 초록은 길지도 짧지도 않은 파장으로 안정감을 주며 우리 눈을 편안하게 해준다.

초록과 관련된 말들

초록색 엄지손가락(green thumbs), 초록색 손가락(green finger)은 식물을 잘 키우는 사람을 뜻한다.

초록 뿔(green horn)은 초심자를 의미하며, 청신호를 받다(get a green light)는 공식적인 허가를 뜻한다.

푸른 물건(the green stuff), 푸른 뒷면(green bank)은 미국 지폐를 부르는 속어로, 남북 전쟁 때 최초로 발행된 지폐의 색이 초록색인 데서 비롯되었다고 한다.

그린 룸(green room)은 배우들이 공연 중 잠시 머무는 극장의 휴게실의 의미로, 무대 조명인 초록이 비추어 초록색으로 보인 데에서 기인한 것이다. 피곤한 배우들의 눈과 마음의 긴장을 완화해주는 역할을 하였다.

그린카드(green card)는 입국 허가증으로 외국인 노동자에게 발부하는 미국의 허가증을 말하며 그린웨이(green way)는 공원을 연결하는 보행자 및 자전거 전용도로와 산책로를 의미한다.

녹수(綠水)는 푸른 물을 뜻하며 녹수청산(綠水青山)은 푸른 산과 푸른 물을 뜻한다.

초록은 우리 일상 속에서 다양한 의미로 사용되고 있는데, 주로 자연, 회복 등의 긍정적 의미로 사용된다.

초록의 마케팅

초록은 마케팅적 측면에서 매우 중요한 색이다.

녹색이라고 하면 환경이나 자연주의 그리고 웰빙 등의 의미로 받아들인다. 이것은 환경오염 등 지구가 황폐화되는 것에 대한 반작용이다. 그래서 녹색별 지구, 푸른 지구, 초록 지구처럼 자연 보호를 내세우고, 자연으로 돌아가자는 녹색운동이 앞장서고 있기 때문이다.

초록은 신뢰성을 갖게 만드는 색이다. 환경 보존 및 소비자의 건강에 대한 기업의 사회적 책임을 강조하는 마케팅 개념이라고 할 수 있는 그린 마케팅은 신뢰성의 녹색을 이용하여 자사의 제품을 부각시키고, 이로 인해 매출액을 신장시키는 기업의 마케팅 기법이다. 그린 마케팅은 인간과 자연환경과의 상호의존성에 초점을 맞추어 물질적 풍요나 편리성에 강조를 두는 것이 아닌 사람의 질을 높이는 데 강조점을 둔 마케팅이다.

음식과 초록

초록은 자연의 이미지로 우리의 건강을 지켜준다. 특히 초록색을 띠는 음식들은 건강한 것으로 알려져 있고, 그렇게 인식한다. 실제로 초록색을 보는 것만으로도 우리 몸에 좋은 작용들을 일으키며, 특히 눈의 피로를 풀어주고 몸의 균형과 안정을 이루어준다.

초록색의 신선한 채소와 들에서 자라는 나물류의 야채들은 치료 효과가 가장 강력하다. 특히 초록의 비타민과 미네랄은 신진대사를 활발하게 해 지친 피로를 풀어준다.

대표적인 예로는 신선초, 브로콜리, 케일, 돌미나리, 키위, 오이, 배추 등이 있다. 초록의 신선초는 '천사가 준 식물'이라는 학명이 붙을 만큼 몸에 좋은 약초로 알려져 있다. 항산화 성분인 녹차도 건강에 매우 좋으니 자주 즐겨 마시도록 하자.

초록의 배색

초록은 포용과 융화, 균형의 색으로 여러 가지 배색에 있어 사용성이 큰 색이다. 또 자연친화적이고 안정감 있는 색의 힘을 통해 실내 색채에도 긍정적 작용으로 사용된다.
눈이 정확하게 망막에서 녹색을 인식하기 때문에 시각적으로 가장 편안한 색이며 모세혈관을 넓혀주어 혈관의 흐름을 원활하게 해준다. 초록은 마음을 평온하게 해주며 신경 및 근육의 긴장을 완화시키는 색이다. 휴식을 취할 수 있는 공간에 초록 계열의 배색을 사용해 보자.
또, 주의를 집중해야 하는 일 또는 깊이 생각해야 하는 일 등에 이상적인 초록을 배색으로 한 환경을 제공하면 훨씬 능률적이다. 특히 평소에 허약한 아이라면 활력이 느껴지는 초록색의 배색으로 아이의 방을 꾸미면 좋다.

다산의 상징 초록

우리 조상들의 배산임수, 그리고 자연과 일치된 삶, 이 모든 것들은 녹색에 대한 생명력의 중요성을 나타낸다. 특히 우리나라에서는 초록이 부정적 의미보다 긍정적인 의미로 많이 쓰이고 있으며 이 때문에 초록에서 자연과 삶의 생명력을 느끼고 싶어 한다. 초록은 생명과 에너지의 근원으로, 다산을 상징해 왔다. 우리나라의 전통적 혼례복에서도 다산의 상징으로 초록색 상의를 입었다.

재생의 상징 초록

이집트 신화 속의 오시리스(Osiris)는 양면성을 가진 신이다. 죽음의 신으로 잘 알려져 있지만, 부활과 새로운 생명을 나타내는 신이기도 하다. 이집트에서 초록은 사막으로 이루어진 척박한 환경에서 생명 그 자체를 의미하며, 이런 영향으로 오시리스 또한 초록색 피부로 표현되고 있다.

미숙함과 부정의 초록

초록은 대자연과 성장을 의미하지만, 인간으로 보면 미숙함을 상징한다. 보통 과일이나 열매가 익지 않은 상태에서 초록색을 띄게 된다. 이런 이유로 미숙한, 서투른, 풋내기 등의 의미를 가지며, 'Greeener'라고 하면 경험이 별로 없는 풋내기 직공을 의미한다.

초록색의 부정적인 상징으로는 부패와 부식, 그리고 질투와 같이 내부적으로 잠재되어 있는 고독한 감정이 작용한다. 헐크와 슈렉처럼 영화에 등장하는 괴물의 모습은 초록색이다. 서양에서는 초록색을 질투의 악마로 상징하기도 한다.

BLUE

진실과 지성의 '파랑'

파랑... 논리적 사고로 이끌어 주는 파랑

파랑의 의미

파랑의 어원은 고대 영어 'blaw, blae'에서 유래되었으며 원래의 의미는 bright이다. 흔히 파랑이라고 불리는 색은 이외에도 하늘색, 청전색, 물색, 담청색, 라이트블루(light blue), 세룰리안 블루(cerulean blue) 등 아주 많은 이름을 가지고 있다.

상징과 연상

긍정의 상징	조화, 정갈, 숙고, 성실, 현명, 신중, 지적인, 신뢰, 깨끗함, 젊음, 미래, 신뢰, 명예, 차분, 세련, 성공, 꿈, 희망, 행복
부정의 상징	억압, 둔감, 부실, 차가운, 격리, 비애, 우울, 미숙, 냉정
구체적 연상	바다, 하늘, 물

파랑은 진실의 색이다. 파랑은 하늘과 바다의 색으로, 언제나 변함없는, 영원하고 무한한 신뢰의 상징인 것이다. 이런 파랑의 진실함은 때로는 근면함, 때로는 우정, 충성심, 사랑, 책임감 등의 감정으로 표현되며, 변치 않는 영원함을 함께 나타낸다.
파랑은 바다와 같은 물을 떠올리게 하여 차가운 느낌을 준다. 차가운 파랑은 이성적, 합리적, 논리적 사고, 냉철함, 엄격함을 상징한다. 또한 권위와 신뢰의 상징인 파랑은 경찰관이나 조종사, 군복 등의 제복을 통해 우리에게 친숙하다.

파랑은 차분한 안정을 주는 색이다. 스트레스를 해소해주고, 긴장을 완화해 주는 색이며, 심신의 회복을 도와 마음의 진정과 평화를 가져다준다. 또한 감정이 고조되어 흥분하거나 불안을 느낄 때에도 침착함을 찾아주는 색이며, 이로써 깊은 생각을 하게 해주는 색이다. 파랑은 세계적으로 선호도가 가장 높은 색으로 알려져 있으며 싫어하는 사람이 없는 무난하고 호감이 가는 색이다.

파랑은 젊음과 자유의 상징과도 같은 색이다. 청년, 청춘처럼 젊은 층을 대변하는데, 청바지는 공산국가나 개발도상국, 이슬람 등 국가에서 젊음과 자유의 상징처럼 여겨지기도 한다. 파랑은 이외에도 현대적, 미래적이며, 다이내믹하고 세련된 느낌으로 인해 젊은 층의 지지와 사랑을 받는 색이기도 하다.

파랑은 중립과 평화, 안정의 색이기에 여러 국제연합의 상징색으로 사용되고 있다.

안전색채

파랑은 안정적인 색이다. 따라서 수면제와 안정제 등의 의약품 포장에 사용되며 편안한 휴식을 취하기 위한 이불보와 잠옷에도 사용되는 색이다.
파랑은 집중력이 증가되는 색으로 안전색채에서 주의, 조심과 지시의 기능을 하고 있다. 우리 주변의 도로 표지판, 주차구역, 공사장 등의 주의 표시에 사용되는 색이다. 또한 멀리서도 잘 볼 수 있는 시인성을 높이기 위해 흰색을 함께 배색하여 사용한다.

파랑과 관련된 말들

블루 먼데이(Blue Monday)는 일요일 다음날인 우울한 월요일을 뜻한다. 월요병, 울적한 마음 상태, 울적한 날의 의미도 함께 있다.
블루스(Blues)는 미국 흑인 음악의 한 장르이다. 어원은 밝혀지지 않았지만, 우울과 슬픔을 의미하는 영국의 극작가 조지 콜먼의 단막극 '블루 데블스(Blue Devils)'에서 가져온 것으로 알려져 있다.
마터니티 블루(Maternity blue)는 산후 여성들의 울적한 상태를 말하며 'I'm blues'는 우울하다는 의미를 뜻한다.
이처럼 서양에서는 파랑이 우울함의 대표로 사용되고 있다. 우울한 마음을 대변하기도 하며 우울함을 만들기도 하는 색이다.
청운(靑雲)의 꿈은 입신출세하려는 청년의 희망을 뜻한다. 청운지사(靑雲之士)는 학덕이 높은 사람, 학문과 덕행을 두루 갖춘 고결한 사람으로 높은 지위나 벼슬에 오른 사람을 뜻한다. 청학동(靑鶴洞)은 신선들이 사는 곳을 의미한다. 청사진(靑寫眞)은 미래의 계획이나 미래의 구상을 뜻하는 말이다. 청일점(靑一點)은 많은 여자들 중에서 하나뿐인 남자를 의미한다.
새파란 젊은이는 어린 사람을 의미하며 청춘은 젊은 나이를 비유하는 말이다. 청년은 청춘기의 남자를 의미하며 새파랗다는 아주 짙게 파랗다는 뜻이다.

P

ONE
WAY
ONE
WAY
ONE WAY
ONE WAY

BUS STOP

파랑의 배색

파랑의 안정되고 차분함은 인테리어 공간에서도 그 힘을 발휘한다. 차분한 연출이 필요할 때, 또 격식 있고 엄숙한 분위기가 필요할 때에 효과적인 색이다. 파랑은 후퇴색으로 좁은 공간일 때 사용하면 넓어 보이는 효과가 있다.

파랑은 시원하고 산뜻한 느낌이 있어 인테리어 공간에 사용하기 좋은 색이지만, 한편으로는 한색의 차가움을 가지고 있어, 따뜻하고 아늑한 분위기를 원한다면 피해야 하는 색이기도 하다. 자연적 느낌으로 안정적인 공간을 연출하고 싶다면 초록과 함께 파랑의 조화를 이용해 보자. 파랑의 하늘과 초록의 땅을 의미하는 색이며 자연을 대표하는 색으로, 침실이나 서재 등에 사용하면 마음의 평화와 함께 안정되고 정돈된 환경을 연출할 수 있다.

식욕을 떨어뜨리는 색

파랑은 식욕을 저하시키는 색으로, 남색과 함께 식욕을 억제하는 대표적인 다이어트의 색으로 알려져 있다. 파란색 음식을 떠올려 보면 그다지 먹고 싶다는 생각이 들지 않을 것이다. 파랑은 음식이 상하거나 부패되어 보이도록 하는 역할을 한다. 물론 실제로 파랑을 음식에 도입해서 이슈가 된 사례들도 있지만, 역시나 식욕을 당기는 색은 아니다.

음식점에서 인테리어의 주된 색상으로 사용할 때는 주의해야 한다. 왜냐하면 파랑은 부패하거나 상한 음식을 연상하게 되어 시각적으로 음식의 맛을 떨어뜨리기 때문이다.

지금 다이어트를 해야 한다면 파란색 계열의 식탁 테이블보나 식기, 조명 등을 이용해보는 것은 어떨까?

귀한 신분의 파랑

서양에서는 귀한 신분을 나타낼 때에 '블루 블러드(Blue blood)'라고 말하는데, 피부가 희고 정맥이 드러나 보인다는 뜻이다. 이것은 명문가의 순수혈통, 즉 귀족을 뜻하며 King's blue는 가장 아름다운 파랑을 말한다. 귀족 계급이 없는 미국에서는 대대로 부유한 명문 집안의 사람을 뜻한다.

조선시대에는 벼슬의 높고 낮음을 관복의 색으로 구분하기도 했다. 높은 고위층은 빨강을, 낮은 말단직은 파랑을 사용했고, 또 문관은 빨강을, 무관은 파랑을 입었다.
성균관에서는 성적이 부진한 유생을 퇴학시킬 때에 청의출사(靑衣出仕)라 해서 파란 옷을 입혀 내쫓았다고 한다.

시간을 조절해 주는 파랑

색에는 시간성이 있는데 파랑은 빨강과 함께 시간과 연관된 대표적인 색이다. 빨강은 시간이 빠르게 흐르는 것처럼 느끼게 해서 빨리 벗어나고자 하게 하는 색이며, 파랑은 이와 반대로 실제보다 시간이 천천히 흐르는 것처럼 느끼게 해준다. 그래서 빨강은 패스트푸드점처럼 테이블 회전이 빨라야 하는 곳에 인테리어 색으로 사용되고, 파랑은 오래 기다려도 지루하지 않도록 해주는 대기실 등에 인테리어 색채로 사용된다.

회의실에서 빠른 결정이 필요할 때는 빨강을, 신중한 결정이 필요할 때는 파랑을 사용하면 도움이 된다. 파랑은 시간성에서 오랜 시간이 지나도 지루함을 덜 느끼는 색이다.

비현실적인 색

슬픔은 파랑으로 표현되며 파랑에 오래 침잠되어 있다 보면 세상이 비현실적 공간처럼 여겨진다. 파랑은 현실과 거리가 먼 이념의 색으로 비현실적인 색이다.

독일에서는 꾸며낸 이야기를 '파란 동화'라고 하는데, 거짓된 것으로 현혹하는 이야기를 뜻하며 현실적이지 않은 파랑의 색으로 표현한다.

파랑은 비현실의 세계에 잘 어울리는 색이다. 지구가 아닌 우주가 배경인 SF 영화에서는 파란색 필터를 주로 사용하고, 정신적인 이상 세계를 그린 영화나 연극의 포스터에도 파란색을 사용한다. 파랑은 현실과 거리가 먼 이념의 색이다.

청룡은 푸른빛

청룡은 푸른빛의 용으로 상상 속의 동물이다. 푸른 용으로 상징되는 사신 또는 사수의 하나이며 동서남북의 네 방위 중 동쪽을 지키는 수호신이다.
중국 고대부터 용은 만물 중 으뜸이며 용 중에서도 청룡이 가장 귀하게 인식되었음을 알 수 있다. 중국에서는 자연의 힘을 상징할 때에 용을 말하는데, 이때 파랑과 결합하여 청룡이라는 표현을 사용했다. 청룡은 하늘의 왕으로, 동방, 봄, 성장, 창조의 이미지를 가지고 있으며, 이것이 만물이 시작되는 자연의 힘을 대표하는 존재가 된 것이다.

NAVY

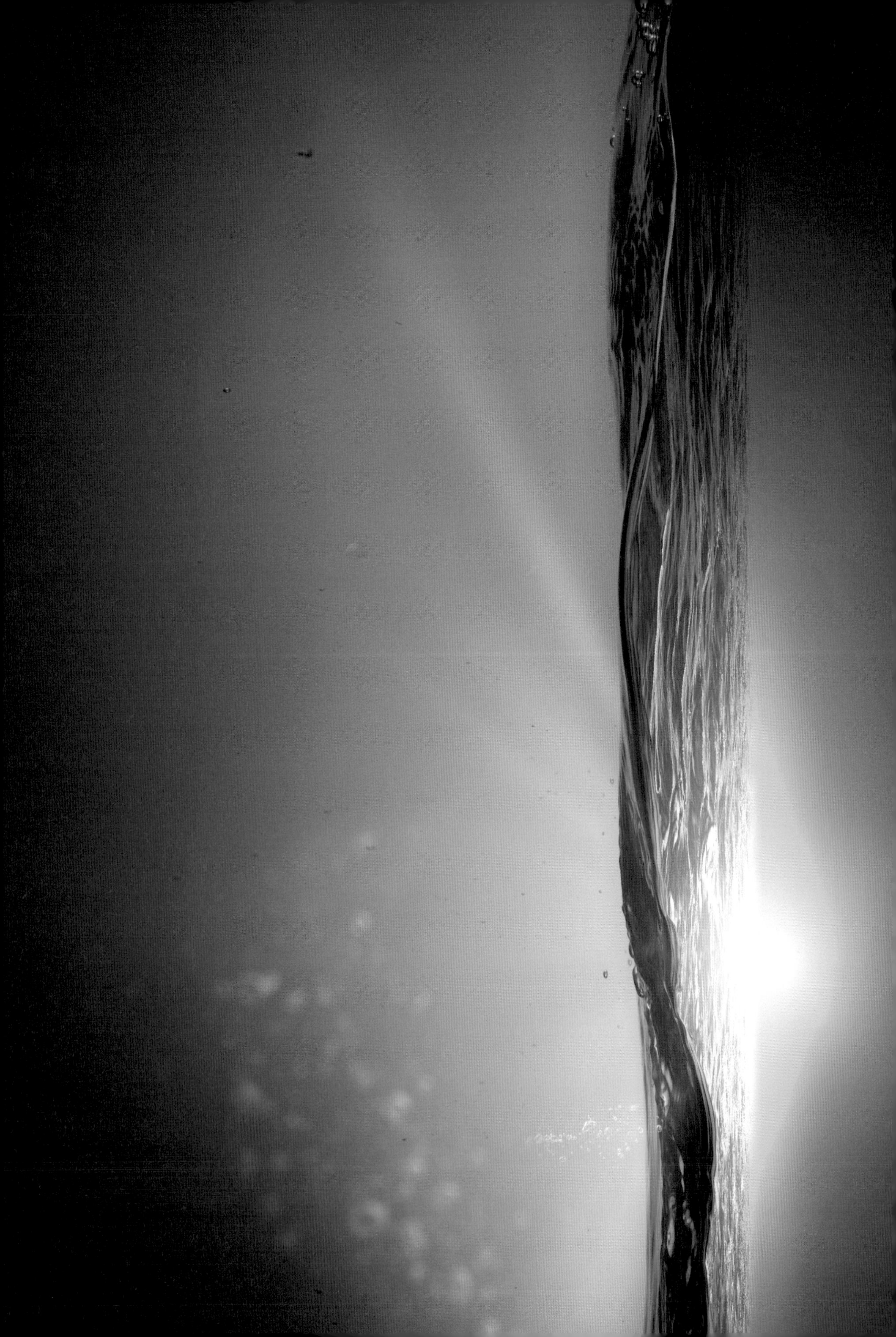

신중함의 '남색'

남색... 신중함과 통찰, 깊은 지혜의 남색

남색의 의미

남색의 여러 이름 : 흔히 남색이라고 불리는 색은 이외에도 군청, 남보라, 감색, navy, dark blue, indigo blue, Prussian blue, Ultramarine, Cobalt, Azur Blue, Royal blue 등 아주 많은 이름을 가지고 있다.

상징과 연상

긍정의 상징	이상, 진리, 신중, 젊음, 상상력, 청량감, 깨끗함, 상쾌함, 맑음, 영원, 침착, 정리, 분석, 판단, 믿음, 계획적, 이론적, 지성, 직관, 이해, 세련, 신뢰
부정의 상징	식욕저하, 경계, 추위, 우울, 비관, 근심, 고독감, 완벽주의, 강박, 독선, 냉정, 외로움, 갈등, 권위주의, 현실도피, 내부 대립
구체적 연상	물, 하늘, 바다, 사파이어, 청바지, 군복

남색은 파랑과 보라의 중간색이지만, 우리나라에서는 파랑에 검은색이 더해진 어두운 파랑을 남색이라고 알고 있는 사람이 많다. 또 파랑을 대표로 하는 한색 중에서도 가장 차가운 느낌을 가진 색이다.

자, 남색 하면 무엇이 떠오를까? 바다, 하늘 등의 대답이 많은데, 이처럼 남색은 파랑과 가까운 색으로 파랑의 느낌을 많이 공유하여, 맑고 시원한 색이자 무한함, 영원한 느낌을 준다. 또 마음을 차분하게 진정시키서 조화와 균형을 만들어 주는 색으로, 불면증, 고혈압 등 치료에 효과적이고, 심장박동의 정상화와 신진대사의 균형을 맞춰주는 색이다. 또 식욕억제 기능을 가지고 있어 대표적인 다이어트의 색으로 알려져 있다.

남색은 세계적으로 가장 호감도가 높은 색으로, 대중적으로 많이 사용되는 색이다. 한때는 여러 문화권에서 슬픔이나 외로움, 애도 등의 어두운 느낌을 표현하는 색으로 여겨지기도 했지만, 현재는 믿음과 신뢰 등의 긍정적 이미지가 강해지면서 많은 기업이나 조직, 은행 등에서 채택하고 있는 색이 되었다. 은행이나 항공사 등의 로고를 떠올려 본다면 남색이 많다는 것을 쉽게 알 수 있고, 또 미래 지향적인 IT 기업에서도 많이 사용되는 색이다.

남색은 이성적인 색의 대표로 이론과 분석, 판단 등에 도움이 된다. 또 스마트하고 지성적인 색으로 집중력에도 좋아 오랫동안 집중해서 보아야 하는 프레젠테이션의 배경색으로도 자주 사용된다.

하지만 남색을 과하게 사용하면 부정적인 면이 부각되어 우울, 비관, 고독감, 현실도피 등이 나타날 수 있고, 완벽주의적 강박에 시달릴 수도 있다.

실생활 속 남색

심리

남색은 앞서 말했듯이 마음을 진정시키는 효과를 가지고 있다. 따라서 흥분하거나 화가 날 때, 무섭거나 스트레스가 심할 때처럼 불안한 상황에서 남색을 보면 마음이 차분하게 안정되고 조화와 균형을 찾을 수 있다. 바다를 보면서 마음이 시원해지는 것을 느낀 경험이 한 번쯤은 있을 것이다. 스트레스가 심한 날에는 푸른 하늘이나 바다를 한 번 보는 것은 어떨까?

패션

남색은 비즈니스 슈트의 대표적인 색으로 잘 알려져 있다. 또한 어떤 스타일, 어떤 분위기와도 잘 어울리는 만능 색이다. 격식을 차려야 하는 자리에도, 중요한 비즈니스 미팅에도, 또 캐주얼한 분위기에도, 언제 어디서나 가장 무난하고 잘 어울리는 색이다. 오늘 어떤 옷을 입을까 고민된다면, 남색을 선택하는 것은 어떨까?

일상_ 잠 못 들게 하는... Blue light

인간은 특이한 시감을 가지고 있다. 인간의 망막에는 파란빛에 민감하게 반응하여 뇌의 리듬을 조절해 주는 수용체가 있다는 것이다. 낮에는 파란빛이 가장 강하게 작용하는 때인데, 즉 파란빛이 들어오면 우리의 뇌는 낮이라고 해석하게 되고, 반대로 노란빛이 들어오면 밤이라고 느끼는 것이다. 따라서 우리는 파란빛에 깨어 있고, 노란빛에 잠드는 생체리듬을 가지고 있지만, 현대사회에서는 밤에도 도시 거리의 조명, 간판, 스마트폰 등의 파란 불빛이 마치 낮인 듯이 우리의 뇌를 착각하게 하여 생체리듬을 교란시키게 된다. 이렇게 파란빛이 숙면에 도움이 되는 멜라토닌의 생산을 억제하여 불면증을 일으키고, 우리를 잠 못 들게 한다. 파란빛의 숙면 방해 정도가 커피의 2배라고 하니, 편안한 잠을 위해서 잘 때는 스마트폰을 멀리하는 것이 어떨까? 또 우리의 건강한 생체리듬을 위해 밤에는 주황이나 노란빛 계열의 조명을 사용해 보자.

역사와 문화 속의 남색

천대받던 고대

한자 문화권에서 파랑(靑)은 음양오행설에서 동쪽을 나타내는 등 비교적 일찍부터 인식되고 사용되었다. 하지만 서양은 달랐다.

인류 최초의 회화로 여겨지는 동굴벽화에는 어떤 색이 사용되었을까? 동굴벽화는 주로 검정, 빨강, 갈색, 황토색, 흰색 등이 사용되었다. 즉 무채색과 빨강 계열의 색들이다. 여기에 파랑은 없었다. 이후 몇 천년 후인 신석기 시대에 이르러 정착생활과 직물 염색을 할 때에도 파랑은 없었다. 이후 고대에도 파랑은 없었다. 서양에서의 파랑은 중세까지 오랜 시간 동안 천대받은 색이었다. 좀 더 정확하게는 색이 없었던 것이 아니라, 색으로 취급받지 못한 것이다. 고대 그리스와 로마 시대에는 파랑을 우울하고 미개한 색이며, 야만과 불운, 지옥의 상징으로 생각했다. 따라서 장례나 노예들이 입는, 낮은 계층의 색으로 여겼고, 하늘조차 파랑이 아닌 금색이나 회색으로 표현되었다. 그들이 생각한 무지개에도 11세기까지 파랑은 없었다. 고대 그리스어나 라틴어에는 파랑에 해당하는 형용사 자체도 없었다.

파랑을 부르는 말도 없었다는 것은 깊은 의미가 있다. 색의 이름이라는 것은 단순히 보는 것이 아니라 자연적, 문화적 그리고 사회적으로 나타나는 현상이다. 그런데 색의 이름이 없다면? 그건 아마도 중요하지도, 인식할 필요도 없기 때문이었을 것이다.

변화를 가져온 12세기

이렇듯 필요 없는 색으로 무시당하던 파랑은 11, 12세기 종교적 이유로 그 가치가 상승하기 시작한다. 프랑스 건축가가 남색을 '신의 색'으로 신봉했고, 성모마리아도 남색으로 갈아입게 된 것이다. 이때의 남색은 당시 가장 귀한 염료인 울트라마린으로, 당시 가장 아름다운 색으로 여겨지면서 왕가와 귀족을 중심으로 널리 사용하게 되었다.

대표적 남색

울트라마린(ULTRAMARINE)

울트라마린은 '바다 넘어'라는 뜻이다. 그만큼 먼 거리에서 들여올 만한, 가치 있는 색이라는 의미이다.

울트라마린은 르네상스 시대 화가들에게 가장 완벽한 색, 모든 색을 능가하는 아주 중요한 색이었다. 화가들은 앞다투어 울트라마린을 사용했고, 마치 이것이 화가의 자긍심을 상징하는 것처럼 여겨졌다. 당시 화가들은 주문을 받으면, 울트라마린을 사용하기 위한 견적부터 제시했다고 한다.

유명한 일화로 뒤러(Albrecht Dürer)는 그림에 필요한 울트라마린을 구하기 위해 "30g의 울트라마린 값으로 황금 41g을 사용했다."고 기록하고 있다. 당시의 황금은 지금의 10배가 넘는 가치라고 하니, 얼마나 비싼 물감이었는지 상상이 된다.

INDIGO

#37415A

인디고(INDIGO)

인디고는 기원전부터 사용되어 온, 남색에서 중요한 염료이다.
우리에게는 쪽으로 알려진 식물로, 천연염료 중 가장 많이 사용되어 왔다.
인디고의 추출과정은 매우 까다롭지만, 변색이 덜 되는 천연염료이자 매력적인 색을 표현해 내면서 비싼 가격에도 그 인기는 높았다. 예부터 귀한 색으로 여겨지면서 가장 지위가 높은 사람들이 사용하였고, 보라가 허락되지 않는 최고 부유층들에게 보라를 대신하는 색이었다. 참고로 보라는 아무나 소유할 수 없는 신성한 색이었다. 이 부분은 보라에서 다시 살펴보자.
이렇게 귀하고 높은 지위를 상징했던 인디고는 근대 이후 상반된 변화를 겪게 되는데, 바로 노동계급의 색이 된 것이다. '블루컬러'라는 이름으로 '화이트컬러'와 대비되는 생산현장에서 일하는 노동자를 상징하게 되었고, 이와 함께 청바지로 인해 작업복의 상징이 되었다.

PRUSSIAN BLUE
#274B6D

NAVY BLUE
#3E465B

프러시안 블루(PRUSSIAN BLUE)와
네이비블루(NAVY BLUE)

울트라마린이 가장 이상적인 남색이었지만, 상상을 초월하는 가격과 공급문제로 안정적 사용이 쉽지 않았다. 이에 18세기 초, 화합물인 프러시안 블루가 만들어지면서, 울트라마린을 대체할 만한 완벽한 남색 염료가 되었다.

네이비블루는 일반적으로 말하는 감색으로, 우리나라에서 가장 많이 사용되는 남색을 대표하는 말이 되었다. 또 네이비 하면 떠오르는 것이 바로 해군인데, 네이비가 태양과 바다로부터 잘 버틸 수 있는 색인 것에서 기인한다.

PURPLE

신비한 '보라'

보라... 신비하고 고귀한 보라

보라의 의미

보라의 여러 이름 : 보라라고 불리는 색은, 이외에도 연보라, Purple, Violet, Lilac, Royal Purple, Orchil, Mauve, Heliotrope 등 많은 이름을 가지고 있다.

상징과 연상

긍정의 상징	고귀, 숭고, 품격, 우아, 세련, 환상, 신비, 창조, 마술, 화려, 예술, 상상력, 창의력, 감성, 이상, 진리, 신중, 행복, 영원, 자기신뢰, 지혜, 지식, 치유, 희망, 권력, 부
부정의 상징	냉정, 우울, 불안정, 병약, 고독, 허영, 비현실적, 불신, 비판적, 지배적, 강압적, 광기, 폭력, 슬픔, 외로움, 독극물
구체적 연상	포도, 가지, 나팔꽃, 라일락, 라벤더, 밤하늘, 황제

보라는 빨강과 파랑이 섞인 복합적인 색으로, 여러 가지 혼합된 감정을 나타내는 색이다. 이때 빨강과 파랑의 비율에 따라 41가지의 보라색이 있고, 또 그만큼 많은 의미와 상징성을 갖고 있다.

보라는 극단적 두 색의 혼합으로 인해 거부감을 느끼고 싫어하는 사람이 많은 색이기도 하다. 하지만 다른 한편으로는 보라색처럼 커다란 대립을 하나로 통일하는 색도 없고, 또 이로써 환상과 신비의 느낌을 준다.

보라는 특별한 색으로 무난하게 사용하기엔 부담스럽다. 그래서 한때는 보라가 비정상적인 사람들이 좋아하는 것으로 여겨지기도 했지만, 그건 보라의 특별함과 예술성 때문이다. 실제로 보라는 새로운 창의적 발상과 창작을 도와준다. 또 보라는 정신적 부분이 발달한 색으로, 고귀하고 정신적인 영적 사랑을 나타내어 종교인이나 예술가들의 성향을 나타내는 색이기도 하다. (색채 치료에서 관련 내용을 좀 더 살펴보자.)

고대의 보라는 아주 귀하고 비싼, 아무나 사용할 수 없는 색이었다. 바다 달팽이에서 얻을 수 있는 색으로, 1만 마리의 달팽이로 단 1장의 손수건을 염색할 수 있었고, 제관식에 입을 외투 한 벌에는 300만 마리의 달팽이가 필요했다. 오늘날로 환산하면, 퍼플 비단 1미터는 수백만 원에 이르는 가장 비싼 색이었다. 따라서 보라는 예로부터 성스럽고 고귀한 색으로, 신성한 사람만이 입고 사용할 수 있는 색이었다. 권력과 지배를 의미하는 왕실의 색으로써 품위와 기품이 있고, 호화롭고 풍족하며 고급스러운 이미지의 대표적 색이 되었다.
과거에는 거의 모든 색들이 햇빛에 바랬는데, 보라는 바래지 않았다. 노랑에서 시작되어 햇빛에 말리면서 점점 보라로 완성되기 때문으로, 따라서 변색되지 않으면서 보라가 영원을 상징하게 되었다.
아로마테라피의 대표적인 색 중에 하나인 라벤더, 이 색 또한 보라이다. 이처럼 보라색은 치유효과를 가지고 있는데, 심신이 지치고 피로할 때, 불면증이나 마음에 상처를 입었을 때에 무의식적으로 찾게 되는 색이며, 몸과 마음을 치유해주고 안정을 찾아준다. 고대 로마에서는 보라가 두통과 숙취를 막아 준다는 믿음으로, 연회에서 보라색 꽃으로 만든 화관을 쓰고, 자수정 잔에 술을 마시기도 했다.
또, 보라는 가장 여성스러운 색이다. 여성성을 표현할 때에 매우 효과적이며, 옅은 보라는 엘레강스하고 우아한 이미지, 짙은 보라는 성숙한 여성의 아름다움을 만들어 준다.

실생활 속 보라색

당신이 생각하는 보라색(Purple)은?

같은 질문에도 국가나 문화, 경험에 따라 차이점을 보인다. 독일은 파란빛이 도는 빨강을 보라라 생각하고, 미국이나 영국은 자수정의 붉은빛을 띠는 보라를 떠올린다. 한때는 이 문제로 토론이 벌어지기도 했었다.

> *"우리는 이 색이 높은 품격을 나타내기 때문에 퍼플이라고 부른다. 하지만 고대의 퍼플은 파란빛이 도는 색이었다."*
>
> \- 괴테, 《색채론》에서

보라는 모두가 알듯이 빨강과 파랑이 섞인 색이다. 우리말로는 모두 보라라고 부르지만, 영어에서는 붉은빛이 더 강한 자주색 purple과 파란빛이 더 강한 청자색 violet으로 나뉜다. violet은 장엄함, 위엄 등의 깊은 느낌을 주며, purple은 여성적, 화려함 등의 느낌이 더 강하다. 그리고 '연보라'가 있는데, 보라에 흰색이 더해진 연한 보라이다.

건강

건강을 생각한다면 보라를 가까이 해보자. 보라색을 띠는 식재료 중에는 건강에 도움이 되는 것으로 알려진 것이 많다. 블루베리, 가지, 아로니아, 적양파 등. 이런 보라색 식재료들은 주로 항산화 작용으로 나쁜 활성산소를 제거하고 노화를 방지하는 데 탁월하다. 여러분도 건강을 위해 보라를 가까이 해보면 어떨까?

런던 올림픽은 보라색

2012년 런던 올림픽의 심벌 컬러는 보라였다. 스타디움도, 시상대도, 메달의 리본도 보라였다. 앞에서 본 우아, 신비, 정신적 등을 상징하는 보라를 떠올려 보면 올림픽과 어울리지 않는 색으로 보일 수도 있다. 하지만 영국의 정신적 색인 보라를 선택하면서 이전 대영제국의 명예를 상기시켰다. 엘리자베스 여왕이나 영국의 왕족들은 우아함과 고귀함, 왕실의 권위를 보여주기 위해 보라색 옷이나 장신구를 자주 사용한다. 왕실의 대관식, 결혼식, 장례식으로 잘 알려진 런던 웨스트민스터에는 1308년부터 사용한 왕실의 보라색 벨벳 의자가 있다. 왕관들은 보라색 벨벳 위에 보관하고, 왕실 행렬 마차의 쿠션도 보라색이다. 보라는 바로 영국 왕실의 상징인 것이다.

XXX Olympiad London 2012
2013
Celebrating
60
Years
1953
XXX Olympiad London 2012

영화

영화 속 보라색의 의미를 통해 보라의 상징성을 좀 더 볼 수 있다. 애니메이션의 성공적 실사화로 인기를 끌었던 영화 〈알라딘〉의 자스민 공주는 다양한 색상의 드레스를 입고 등장하는데, 이때 보라색 드레스를 입은 장면에 주목해 보자. 자스민 공주가 가장 위협적이고 억압적 상황에 놓였을 때에, 역경을 극복하고 공주로써의 위엄과 주도적이고 자립적인 모습으로 변화되는 장면에 보라색 드레스를 입고 등장한다. 색채심리학에서 보라는 위엄 있고 힘이 있는 지배자의 색이며, 주도적인 색이다.

동서양을 막론하고 고대나 중세, 역사적 내용을 다룬 영화나 드라마에서 보라를 많이 볼 수 있다. 실제 백제 왕은 보라색 옷을 입었고, 신라시대에도 성골과 진골만이 보라색을 입을 수 있었다. 이 외에도 역사적으로 높은 자리, 고귀한 신분 또는 그런 자리를 열망하는 표현으로 보라가 자주 등장한다.

다른 영화 속 보라는 정신분열을 의미하기도 한다. 영화 〈마더〉나 〈배트맨〉에는 보라가 등장한다. 특히 조커의 보라는 광기를 나타낸다. 보라는 실제로 정신적 불안을 치유하는 색이지만, 종종 정신이상자들이 좋아한다고 잘못 알려져 있기도 하다. 어쨌든 영화 속에서 조커의 보라는 광기와 아주 잘 어울리는 색으로 표현되었다.

영화 〈위대한 개츠비〉에는 연보라가 등장한다. 여성적 매력을 한층 높여주는 색이면서 옛 연인과의 재회와 사랑을 꿈꾸는 개츠비의 낭만적 성향을 잘 반영하고 있다.

역사와 문화 속의 보라색

> *"나는 마침내 대기의 진정한 색을 발견했다. 그것은 보라색이다. 신성한 공기는 보라색이다. 앞으로 3년 뒤에는 모두가 보라색으로 작업할 것이다."*
>
> \- 클로드 모네

모네는 한쪽 눈의 백내장으로 인해 보라를 더 강하게 보았다는 설도 있다. 어쨌든 모네의 그림 속 보라는 지금까지도 매혹적이고 아름다운 힘을 발휘한다.

역사 속 인물과 보라색

파버 비렌은 마음을 진정시키기 위해 신경계에 사용되는 색으로 보라를 꼽았다. 괴테는 "보라색 광선을 풍경에 투사하면, 이 세상의 최후와도 같은 공포가 연상되기도 한다."고 하면서 어두운 보라에서는 종말이, 밝은 보라에서는 광명과 이해의 힘이 나온다고 했다. 요하네스 이튼 또한 "어두운 신앙심에 환하게 불을 밝힌 섬세하고 아름다운 명색으로써 사람들을 매혹한다."고 하며, 신앙심의 색으로 보았다. 칸딘스키는 "주황은 빨강이 노랑에 의해서 인간에게로 더 가까워져 생겨난 색이며, 다른 한편 빨강이 파랑에 의해 인간에게서 멀어져 생겨난 색이 보라이다."라고 했는데, 보라를 일종의 병적 요소로 분석했다. 이처럼 보라는 지속적 관심과 연구의 대상이 되어 왔다.

하늘을 대변하는 성스럽고 고귀한 색, 죽음까지 불러온 색

보라는 고대부터 지배자의 색, 권력의 색이었고, 성스럽고 고귀한 색으로, 하늘의 뜻을 대변하는 신성한 사람만이 할 수 있는 색이었다. 고대 로마에서는 황위 계승자만 이 보라색 옷을 입을 수 있었는데, 모자이크 작품에서 황제와 여황제는 짙은 보라색 옷을 입고 있으며, 성경에도 성인들이 보라 배경 위에 그려져 있는 것을 자주 볼 수 있다. 이외에도 고대에는 황금 장신구보다도 보라색 옷이 더 높은 특권을 나타냈는데, 왕이 큰 상을 내릴 때에 보석이 아닌 보라색 옷을 입을 수 있게 하는 것이었다.
심지어 왕과 왕비는 보라색 잉크를 사용했고, 이 잉크를 지키는 병사가 있을 정도였다. 또한 왕족이나 고귀한 신분 이외에 보라를 사용하면 사형의 형벌이 내려졌다고 하니, 고대인들의 보라에 대한 생각을 유추해 볼 수 있다.

동양의 보라색

동양에서도 비범한 사람이 태어날 때, 보라색 구름이 자욱하다는 등 신비한 힘이 있다고 믿어왔다. 동양에서도 마찬가지로 특권 계층의 색이었으며, 백제의 왕과 왕비, 신라의 성골과 진골만이 보라를 사용했다. 고려시대 왕은 중국 사신을 접견할 때 보라색 공복을 입었다. 중국에서는 3대 별자리인 삼원 중에서도 가장 첫 번째인 '자미원'이란 별자리가 있는데, 이것이 바로 보라이다. 천자가 있는 곳에 자미원이 있고, 자미원을 중심으로 우주가 돌아간다고 했으니, 그만큼 보라를 신비함의 대명사로 사용한 것이다.

신학의 색, 마법의 색

보라는 예부터 신학의 색이었다. 가톨릭에서는 보라색 제복을 입고, 추기경은 교황으로부터 자수정 반지를 받았다. 세속적 권력의 색인 보라에 영원과 정의의 신학적 의미를 부여함으로써, 권력이 있으나 신의 종으로 살아가라는 겸손을 의미한다. 기독교에서도 보라는 겸손과 신의 영광, 너그러움의 상징으로 교회의 색이다. 대학 교수들이 제복을 입었던 시대에 신학 교수들은 보라색 모자를 썼다.

마법의 색

보라는 마법의 색이기도 하다. 고대부터 사제와 마법사는 비슷한 역할로 신앙과 미신을 함께 보여주었으며, 이런 영향들로 현대에 보라는 정신적 의식을 열어주는 심리적 마법의 색으로 여겨지기도 한다. 한때 의식의 확장을 중요한 가치로 여겼던 1970년대를 상징하는 그룹인 Deep Purple도 이런 영향이 아닐까?

가장 개인적이며 자유분방한 색

보라는 자유로운 색이자 가장 개인적인 색이다. 보라는 일반적이지 않은 특별한 색으로, 남들과 다르고자 하는 표현이기도 하다. 보라색 옷은 그냥 편하게 입는 옷이 아니다. 특별한 색을 선택하여 타인과 자신을 구분 짓고 차별화하는 표현인 것이다.

그만큼 과감한 색이라 꺼리는 사람도 많지만, 반면에 비관습적이고 독창적인 파격을 상징한다.

허영의 색

과거 기독교적 전통에 따라 중죄로 다루어지던 허영은, 설교에서 복장에 대해 많이 다루고 있다. 허영을 나타내는 색조는 보라, 분홍, 금색으로, 죄로 보기에는 아름다운 색의 조합이다.

유명한 크리스찬 디오르의 향수 뿌아종은 독이라는 뜻이다. 이것은 독처럼 위험할 정도로 매혹적이라는 의미인데, 보라색 병에 들어 있다. 또한 보석함들은 보라색 벨벳으로 장식된 경우가 많고, 또 보라나 연보라는 초콜릿처럼 달콤한 식품의 포장 색으로도 애용된다. 보라를 허영이나 죄의 색으로만 보기에는 너무 달콤하고 매력적인 색이 아닐까?

보랏빛 아르누보

역사적으로 보라는 값비싼 색이었기에 특별히 유행한 시기는 많지 않다. 대중화가 시작된 19세기 이후에 가장 유행했던 시기 중 하나가 바로 아르누보이다. 아르누보는 19세기 말에서 20세기 초에 프랑스, 영국, 독일, 오스트리아 등 유럽에서 널리 알려진 양식으로, 가구, 그림, 장신구 등에 보라가 아주 많이 등장한다. 우리에게 '키스'로 잘 알려진 구스타프 클림트는 오스트리아를 대표하는 아르누보 화가로, 그가 그린 매혹적인 여인들은 대부분 은색과 금색이 배색된 보라색 옷을 입고 있다. 보라를 통해 여성적 매력과 품위, 우아함 등을 더욱 부각시키는 역할을 하는 것이다.

여권운동의 색

'바이올렛'이라는 꽃 이름에서 나온 다양한 여성의 이름인 비올라, 비올레타, 비올레트 등에서도 보듯이 보라는 여성적인 색이다.

또 선거권을 얻기 위해 시작된 여성운동은 1900년대 초에 다양한 성과를 거두기 시작한다. 이때 여권운동의 색으로 지정된 것이 보라, 흰색, 녹색이다.

> *"지배자의 색인 보라는 여성의 투표권을 위해 싸우는 모든 여성의 혈관 속에 흐르고 있는 왕의 피를 상징하며, 또 자유와 품위에 대한 여성의 자각을 상징한다."*
>
> \- 에바 헬러, 《색의 유혹》에서

보라는 바로 여성운동의 상징 색이었다. 많은 여성들이 보라색 옷과 장식품들을 사용했고, 이것은 여성운동 지지를 표현하는 좋은 수단이었다. 이후에도 1980년경까지 많은 여성운동에서 보라를 사용했다.

동성애의 색

남성적인 파랑과 여성적인 빨강은 보라로 결합되고, 이로써 보라는 동성애의 상징이 되었다. 과거 동성애를 멸시하던 시대에는, 연보라 셔츠와 연보라색 행커치프를 통해 동성애자임을 비밀리에 표시했다. 1980년대 무지개 깃발의 등장 이전까지 동성애의 상징은 보라였다.

GVSTAV
KLIMT
19 02

대표적 보라색

티리안 퍼플(TYRIAN PURPLE)

티리안 퍼플은 제조법이 기록되어 있는 가장 오래된 염료이다. 왕의 권위를 나타내는 로브나 망토에 사용되면서, 로얄 퍼플(Royal Purple)로 알려져 있기도 하다. 티리안 퍼플은 자주에 가까운 보라색 염료로, 기원전 1500년경부터 사용된 것으로 알려져 있다. 지중해 바다 달팽이를 원료로 추출되는데, 이 달팽이는 손으로 잡아야만 하는 것으로 막대한 노동력을 기반으로 생산되었다. 따라서 대량으로 생산하기 어려워 희소가치가 높았고, 엄청난 가격으로 인해 왕이나 귀족만이 사용할 수 있었던 것은 당연한 일이었다. 앞서도 언급했듯이 소량의 보라색 염료를 얻기 위해 대량의 달팽이가 희생되어야 했다. 19세기초 인공염료가 발견될 때까지 얼마나 많은 달팽이가 희생되었을까 상상해 볼 수 있을 것이다.

◦ 바다 달팽이 10000마리 = 1g의 퍼플 염료 = 작은 손수건 한 장
◦ 뮤렉스 브란다리스, 모렉스 트룬쿨루, 카라콜, 라파나 비조아르, 로첼라 팅토리아, 모렉스 브란다리스, 타이스 헤마스토마...

퍼플을 위해 희생된 달팽이들....

다행히 식물 쪽(藍, 인디고)의 잎에서도 같은 종류의 염료를 얻을 수 있다는 사실이 밝혀지면서 달팽이는 희생을 면할 수 있게 됐지만, 18세기에는 부족한 경작지가 귀족들을 위한 쪽 재배에 쓰임으로써 일반인의 생활은 오히려 더 힘들어지기도 했다. 어찌 보면 보라는 다양한 희생의 역사를 바탕으로 사용할 수 있는 잔인한 색이었다. 티리안 퍼플은 고대의 권력과 신성함의 대표이며, 골드와 더불어 승리의 영광을 상징하는 색이기도 했고, 동서양을 막론하고 귀한 대접을 받는 색이었다. 따라서 아무나 소유할 수도 없었고, 소유해서도 안 되는 색으로, 이를 어기면 엄벌에 처해졌고, 때로는 죽음으로 감당해야 했다. 염색 기술 또한 중요한 국가 비밀이었는데, 국가의 염료 공방 밖에서 티리안 퍼플을 만드는 사람은 사형에 처해졌다.

MAUVE

#EOBOFF

모브(MAUVE)

19세기 중반 영국 빅토리아 여왕 시대, 산업화가 빠르게 확산되면서 화학도 급속도로 발전되었다. 이에 국가에서 화학자를 양성하면서 보라에 획기적 변화가 시작되었다. 당시 18세인 윌리엄 퍼킨은 말라리아 약을 합성하는 연구 중에 우연히 보라색 액체를 얻어내면서, 이전의 천연 염료를 대체할 새로운 인공 염료를 얻게 되었다. 이것이 바로 보라의 대중화를 불러온 '모브(mauve)'였다. 윌리엄 퍼킨의 모브는 섬유 산업을 획기적으로 발전시키는 계기가 되었고, 이후 전 세계적 인기를 얻게 되면서, 1890년대 프랑스에서 모브의 시대라고 부를 정도로 유행하게 된다. 물론 모브가 처음부터 받아들여진 것은 아니었다. 이전 동식물을 통한 추출에 익숙한 염색공들이 새로운 화학물질에 반감을 갖고 있었기에 처음엔 실패하는 듯 보였다. 이후 왕실과 패셔니스타들이 모브를 사용하면서 유행이 시작되었다. 모브의 유행은 오래 가지 못했지만, 여전히 사랑받는 색이다. 이처럼 염색의 발전에는 화학이 있었으며, 현재 유명한 제약회사들은 당시 염료 생산으로 유명했던 회사들이 많다.

VIOLET

#764E82

바이올렛(VIOLET)

바이올렛은 인상파 화가 끌로드 모네와 깊은 관련이 있는데, 당시 특이하게 여겨졌던 바이올렛에 집착하기 시작한 것이다. 모네는 인상파의 핵심인물로, 인상파 화가들은 모네의 영향을 받게 된다.

"인상파들은 거의 언제나 보라색과 파란색 계통에서 시작한다."

- 에드몽 뒤랑티

어떤 이들은 인상파가 자외선 너머의 색을 볼 수 있는 능력이 있다는 가설까지 세우기도 했다. 또 어떤 이들은 보라에 대한 거부감으로, 인상파들을 바이올레토마니아(보라색광)에 걸린 병자라고 생각했다. 인상파의 보라 선호 현상은 두 가지 이론으로 설명되었는데, 한 가지는 그림자가 검정이나 회색의 무채색이 아니라는 것이고, 또 한 가지는 노란색 햇빛의 보색이 보라색이라는 것이다. 이후 인상파에게 보라는 그림자를 초월해 그림을 주도하게 된다. 여러 논란에도 불구하고, 인상파의 보라는 너무나도 아름다운 작품으로 남아 있다.

GOLD

고귀함의 '금색'

금색... 신성하게 빛나는 금색

금색의 의미

금색은 인류가 항상 갈구해 온 금의 색으로, 비교할 수 없는 신성함과 영원함의 상징으로 여겨진다.

상징과 연상

긍정의 상징	성숙, 풍요, 부, 관용, 승리, 성취, 성공, 지혜, 명성, 고귀함
부정의 상징	냉소, 불신, 방해, 음울함, 부적합, 무지, 황금만능주의
구체적 연상	황금, 태양, 왕, 반지, 목걸이

금색은 인류의 역사 속에서 항상 만인에게 사랑받아온 색이다. 금색이 사랑받는 여러 이유 중 하나는 바로 태양의 색이기 때문이다. 태양은 모든 생명의 근원이자 인류가 활동하는 낮의 근원으로, 이집트의 태양신 라(Ra)처럼 고대부터 중요한 의미를 가지고 있었다.

또 금색은 고대부터 지금까지 가장 가치 있게 여겨지는 황금의 색이기도 하다. 고대 이집트 투탕카멘의 황금 가면, 황금관 등 황금은 고대부터 전 세계적으로 권력자들의 전유물이었다. 그들은 금에 집착하고, 금을 영원성의 상징으로 여겼다. 고대 그리스인들은 신들이 금발이라고 상상하기도 했다. 이렇게 금은 인류가 높이 생각하고 섬기며 항상 갈구하던 것으로, 힘 있는 자만이 소유할 수 있는 힘과 번영, 권력의 상징이었다. 이런 인식을 바탕으로 가장 화려하고 가치 있는 색으로 인식되었으며, 희소성으로 인해 소수만이 향유하면서 인간의 물질적 욕망을 상징하는 '황금만능주의'라는 부정적 표현을 만들어 내기도 했다.

금색은 종교적으로도 매우 중요한 색이다. 가톨릭이나 기독교, 불교 등 다양한 종교에서 금색은 종교적 믿음과 영광, 거룩함, 성스러움을 나타내는 색으로 사용되어 왔다. 성화 속 성인의 금색 후광이나 금색으로 치장한 모습은 쉽게 볼 수 있으며, 불상의 경우에도 대부분이 금색으로 되어 있다. 부처님의 금색은 지혜와 자비, 광명을 나타내며 깨달음으로 언제나 환하게 빛나는 모습을 상징하는 것으로, 최상급의 금을 이용하여 지구상 가장 높은 분임을 표현한다.

금색은 지식과 경험이 풍부하고 지혜로운 어른의 색이며, 학식과 견문이 넓은 현인의 색으로 지혜를 의미하는 색이다. 또한 생명과 풍요, 행복을 표상하는 색채 공통 문화의 대표적 색이기도 하다. 이렇게 여러 긍정적이고 좋은 의미를 가진 금색이 고대부터 현재까지 사랑받는 것은 당연하다고 할 수 있다.

실생활 속 금색

"자연에는 우리가 생각하는 것보다 더 많은 금색이 있다. 왜냐하면 햇빛은 매일 대상을 비추고, 금색을 반사하기 때문이다."

- 루이스 네벨슨

네벨슨의 말처럼 금색은 인류가 항상 갈구해 온 것이면서, 반면에 또 우리의 삶 속에 항상 존재해 왔다. 이번엔 실생활과 금색에 대해 좀 더 알아보자.

단어

◦ 골드미스 : 3, 40대 미혼 여성 중 학력이 높고 사회적, 경제적으로 여유가 있는 계층
◦ 골드앤트 : 결혼이 늦어지거나 독신이 늘면서 생긴 신인류로, 골드미스에 아주머니를 합친 신조어
◦ 골드스타 : 칭찬, 성취, 표창의 의미
◦ 순금: 우수한, 품질이 뛰어난, 최고 중 최고
◦ 골드 스탠다드 : 최고 품질 및 우수성의 척도를 의미

금색은 일상 속에서 여러 가지 단어에 사용되고 있는데, 사람들이 좋아하는 색인만큼 주로 긍정적인 의미를 가지고 있다.

영화

영화 〈마지막 황제〉 속의 금색은 푸이의 어린 시절을 감싸고 있다. 푸이가 사용한 모든 옷과 도구, 가구는 모두 금색이었는데, 이것은 황제만이 누리는 특권이며 하늘이 인정한 유일한 존재라는 것을 어려서부터 인식시키는 중요한 색이었다.

아름다운 색채와 웅장한 스케일의 영화로 잘 알려진 장예모 감독의 〈황후화〉에서 모든 화면은 금색으로 꽉 차 있다. 궁, 옷, 식기 등은 물론이고, 심지어 정원에도 황금색 국화가 가득하다. 여기서 금색은 황제의 위엄과 고귀함, 인간의 욕망 등을 표현하였다.
하지만 금색이 항상 좋은 이미지로 등장하는 것은 아니다. 1950년대 고전 영화 〈신사는 금발을 좋아해〉에서 금발은 영리하지 않고 속물적인 인물을 나타내는 색으로 등장하고 있다.

역사와 문화 속의 금색

역사 속 항상 귀했던 금색

앞에서도 언급했듯이 금은 역사 속에서 가장 가치 있는 것이며, 인간이 항상 갈구해 온 중요한 광물이다. 한정된 금을 소유하고 싶은 욕망으로 등장한 연금술은 과학적 발전을 이루는 밑바탕이 되기도 했다. 식민지 개척 시대에는 브라질이 황금의 땅인 엘도라도로 알려지면서 많은 사람들이 몰려들었고, 이때부터 금색은 브라질의 상징색이 되었다.

동양의 금색

동양에서도 금색은 중요한 색이었다. 음양오행의 중앙을 의미하는 색으로 만물의 근원이며 황제, 천자의 색으로 가장 존귀하게 여겨졌다. 한편 조선의 왕은 황제가 아닌 임금이라는 이유로 금색 의복이 금지되기도 했다.

금색은 적색과 함께 악귀를 쫓고 병을 예방하는 역할을 했는데, 신성한 곳이나 출산한 집에는 금줄을 쳤고, 돌림병이 도는 마을에도 금줄을 쳐서 병이 확산되지 않도록 했다.

예술과 금색

금색은 예술의 역사에서 시대를 초월한 걸작들을 내놓았다. 금은 아주 귀하고 신성한 것으로, 다양한 상징성을 나타내는 데 이용되었다. 종교적인 신성함과 믿음, 빛과 영광을 나타냈고, 또 세속적 취향과 아름다움, 사랑, 경제적 우위 등 여러 가지를 표현하는 매개가 되었다.
특히 종교에서 금색은 교회나 성당, 사찰 등을 막론하고 종교적 신성함과 영광, 믿음을 표현하는 도구로 사용되었고, 우리도 이런 종교시설에서 쉽게 금색을 접하고 그 힘을 느낄 수 있다. 이 부분에 대해서는 앞에서도 언급한 바 있다.

15세기 후반부터 이탈리아 예술가들은 금의 사용을 줄였지만, 보티첼리의 경우에는 달랐다. 보티첼리는 금을 마치 물감처럼 붓에 묻혀 그 터치감을 이용했다. 대표작인 '비너스의 탄생'에서도 비너스의 머릿결, 제피로스의 날개, 조개 등에 금을 사용하여 그림의 분위기와 풍요로움을 한층 더 부각시켰다.

금색 하면 빼놓을 수 없는 인물이 있다. 앞서 보라에서도 보았던, 아르누보를 대표하는 오스트리아의 화가 쿠스타프 클림트이다.
아델레 블로흐-바우어(Adele Bloch-Bauer)는 'Woman in Gold'로도 잘 알려져 있는데, 이름처럼 금빛 그림을 대표한다. 얼굴이나 목선, 손을 제외하면 온통 금색으로 가득하며, 금을 이용한 터치감과 무늬를 통해 금빛의 화려함을 한층 더 강하게 전달하고 있다. 이 작품에서 보듯이 그의 작품 속에서 금색은 빛이 발하는 화려한 장식성과 여인의 황홀한 아름다움, 품위와 우아함을 표현하고 있다.

이 그림은 우리에게 가장 잘 알려져 있는 클림트의 작품이 아닐까 한다. 절벽 위의 강압적인 키스라는 의견도 있지만, 이 작품은 황금빛 가득한, 넋 놓고 바라볼 수밖에 없는 걸작임이 분명하다. 배경뿐 아니라 화려한 옷도 모두 금색으로 가득하고, 또 둘은 마치 하나인 듯 어우러져 있다. 이 그림 앞에서 사람들은 강압적이란 느낌보다는 사랑의 느낌을 더 강하게 받지 않을까. 사랑에 빠진 연인에게 세상은 이 그림과 같은 금빛 환상으로 보이는 것이 아닐까? 금색이 가지고 있는 영원과 불멸, 사랑의 의미는 이 그림에 얽힌 이야기를 알면 더 강하게 느껴진다. 클림트가 가장 사랑했던 여인, 마지막 순간까지 불렀던 이름이 바로 이 그림 속의 주인공 에밀리이다. 클림트가 에밀리와 이별했던 2년간 그린 그림이 바로 이 '키스'이고, 에밀리는 이 그림을 본 이후 27년간 클림트의 영혼의 동반자가 되었다. 클림트가 금빛 창연한 '키스'를 통해 영원한 사랑을 고백한 것은 아닌지.

이렇게 예술 속에서 금색은 영원하고 중요한 소재이며, 인간의 삶에서 금이 사라지지 않는 한, 금색을 이용한 예술은 지속될 것이다. 앞으로 인간을 매료시키는 또 어떤 멋진 작품이 나올지 지켜봐야겠다.

SILVER

현대적인 '은색'

은색... 신중함과 통찰, 깊은 지혜의 은색

은색의 의미

은은 기원전 3000년경부터 사용되었는데, 고대어에서 은색은 흰색, 반짝이는 색의 의미를 가지고 있었다.

한자어에서도 은도(흰 날의 칼), 은사(흰 모래), 은발(흰 머리) 등 은색을 흰색으로 이해했지만, 현대에 들어오면서 은색은 흰색보다 밝은 회색으로 인식되고 있다.

상징과 연상

긍정의 상징	숙고, 편견 없는, 막힘없는, 꿈, 성찰, 비전, 영감, 세련, 우아, 수수, 침착함, 편안함, 미래지향적, 현대적, 도시적, 지적임
부정의 상징	기만, 불안정, 가짜, 음지, 그늘, 가련, 2등
구체적 연상	은, 수저, 동전

은색은 금과 같이 반짝이는 금속성의 색으로, 현대에는 알루미늄이나 스테인리스 등 금속을 대표하는 색이다.

은은 인류 역사에 있어서, 금 다음으로 가치 있는 광물로 여겨져 왔다. 특히 과거에 귀족을 중심으로 식기류나 장신구에 주로 은을 사용하였다. 또 독에 의해 색이 변한다고 해서 은색은 순수하다는 의미를 갖기도 했다.

은색은 과거 우주복의 색이었던 이유로 현대적, 미래적, 하이테크놀로지를 상징하게 되었고, 또 실제로 기술적, 기능적인 색이기도 하다.

은색은 태양빛을 반사해서 열을 낮추고 시원한 느낌을 주어 여름에 액세서리로 선호되기도 한다. 패션에서 금색은 자칫 나이가 들어 보일 수 있지만, 은색은 좀 더 젊고 캐주얼한 느낌을 주며 세련된 패션 연출에 효과적이다.

금색과 비교되는 색

금색과 은색은 한 쌍으로 인식되는 경우도 있지만 이 둘을 보색으로 보기도 하는데, 이것은 두 색이 대립적 의미들을 가지고 있기 때문이다. 둘 다 금속성의 색이면서 금색이 따뜻한 느낌이라면 은색은 차가운 느낌을 준다. 금색은 둥근 형태와 부드러움을 연상하게 되지만 은색은 각지면서 단단한 형태를 연상하게 된다.

상징적인 의미에서 금색이 태양이라면 은색은 달을 뜻한다. 금, 은, 동은 순서의 문화적 의미를 가지고 있다. 여기서 은은 금의 부수적 의미, 또는 상대적으로 중요하지 않는 영원한 2등의 색, 2인자의 색 등의 이미지를 가지고 있다.

은으로 만든 제품들은 실제로 금보다 부피가 더 크지만 보통 은으로 만든 제품의 이미지는 실제와 상관없이 금보다 훨씬 작게 느껴진다.

은색의 자동차

도로에 다니는 자동차를 관심 있게 본 적이 있는가? 어떤 색의 자동차가 많을까? 물론 요즘은 다양한 색상의 자동차들이 다니지만, 전 세계적으로 이전에는 은색의 자동차가 많았다.
그 이유는 무엇일까? 은색 자동차의 가장 큰 장점은 바로 관리가 쉽다는 점이다. 은색은 차에 색을 입히기 전 차의 색과 비슷한 것으로, 약간의 흠집에도 티가 잘 나지 않는다. 또 세차를 오래 못해서 먼지가 쌓여도 잘 티가 나지 않는다.
은색이 가진 또 다른 장점은 빛 반사가 강하다는 것이다. 반짝이는 광택이 좋아 보이고, 눈에도 잘 띄어 사고율도 낮춰 준다.
은색은 무난한 색이라는 장점도 있다. 자동차는 고가로 자주 바꿀 수 없기 때문에 언제 어디에나 무난하게 잘 어울리는 색을 선택하는 경우가 많다. 물론 은색이 무난하기만 한 것은 아니다. 세련되고 현대적인 느낌도 함께 가지고 있어 자동차의 색으로 인기가 많았다.
이러한 장점에도 불구하고 요즘은 은색 차의 비중이 줄고 있는데, 바로 은색의 무난함 때문이다. 무난하기에 너무 흔하다는 느낌을 주고, 이것이 올드하거나 진부하다고 느껴진다는 것이다. 이에 디자인과 트렌드, 개성 등에 민감한 젊은 층을 중심으로 은색에 대한 선택이 줄어들고 있는 것이다.

빠른 속도감 은색

색채에서 속도감을 느낄 수 있는데 은색은 속도가 빠르다고 생각하게 된다. 벤츠는 독일의 경주용 차로 '은빛 화살'이라고 불렸다.

은빛 실버 룩의 모습을 한 경주용 벤츠는 최고의 빠른 속도로 광고 효과도 성공적이었다. 우리는 은색의 비행기, 로켓, 고속 기관차 등을 빠른 속도로 인식하고 있으며, 밝은 태양 빛이 은색에 반사되면 속도는 더 빠르게 느껴진다.

역동성과 스포츠의 은색은 기능적인 색이 되었다.

이성적이며 절제된 색

우아한 아름다움의 절제를 지닌 은색은 차가운 느낌을 주며, 내향적이고 이성적인 색이다. 은색은 조용한 침묵 속에서 독창적인데, 특히 파랑과 흰색 그리고 은색의 배색은 영리함의 색조이다.

현대적인 디자인 제품 등에 사용되는 은색은 겨울의 색으로 차가운 달빛, 차가운 물 등을 연상하게 된다. 또한 은빛 머리카락, 은빛 여우, 은빛 소나무 등은 밝고 맑으며 깨끗함을 뜻한다. 은발의 노인은 고귀하고 지적이며 아름다운 인격적 가치를 지닌다.

금은 이상적인 가치로 여기고 은은 물질적인 가치를 상징한다.
오래전에는 은화를 주로 만들어서 일상생활에서 편리하게 사용하였다. 은과 돈은 하나의 동일어로 부유한 부모를 둔 자녀를 뜻하는 말로 은수저를 입에 물고 태어났다고 한다.

WHITE

순수함의 '흰색'

흰색... 빛과 밝음, 상실감의 흰색

흰색의 의미

흰색은 색이 없는 무채색이라고도 하지만 색 중에 가장 완벽한 색으로 순수와 신성을 상징한다. 흰색은 비안코(bianco), 블랑슈(blanc), 블랑크(blank), 밝은, 빛나는 등의 뜻으로 빛을 연상한다.

상징과 연상

긍정의 상징	밝음, 빛, 결백, 순결, 순수, 깨끗함, 소박, 청결, 신성, 평화, 세련, 정직, 신뢰, 진실, 명쾌, 완벽, 지혜, 시작, 평화
부정의 상징	단조로움, 단순한, 무기력, 생기 없는, 삭막한, 추운, 텅 빈, 냉혹, 죽음, 후회, 실패, 상실감, 인공적인, 값싼, 유령, 영적인
구체적 연상	웨딩드레스, 쌀, 설탕, 소금, 눈, 솜, 신부, 눈사람, 의사, 간호사, 우유

흰색은 유채색과 무채색 중에서 가장 완벽한 색으로 누구나 특별히 좋아하거나 싫어하지 않는 색이다. 또한 흰색은 모든 빛을 반사하는 무채색의 기본색이며 가장 밝아서 가장 어두운 검정과 대조적인 색이다.

인상주의 화가들은 흰색을 '무색'이라 했고 다른 색을 혼합해서 만들어 낼 수 없는 색으로 차별화된 독특한 감정과 특성을 연상시킨다고 하였다. 무채색 중에서 가장 밝기 때문에 숭고, 순결, 단순함, 순수함, 깨끗함 등의 정서적인 느낌의 상징성을 갖고 있다. 반면에 정직, 고독, 공허 등의 의미도 내포하고 있다. 흰색은 빛의 색으로 심리적으로는 감정이나 사고를 정화해 주는 역할을 하며 해방감을 준다.

일반적으로 흰색은 언제나 무난하여 유행을 타지 않는 기본적인 색이다. 모든 것을 포용하는 미덕과 봉사의 숭고함, 성스러움, 평화, 희망, 신뢰를 느끼게 하는 색이다. 이것은 흰색이 위협적이지도 자극적이지도 않으면서 깨끗하고 참신하며 변화를 수용하는 특성을 지니고 있기 때문이다.

흰색은 절대적인 자유로움과 가장 높은 상승을 이루는 긍정적인 빛의 충만함을 지니고 있다. 지치고 우울한 날에는 즐거움을 주는 흰색의 셔츠를 입고 자유로운 해방감을 느껴보는 것은 어떨까?

흰색의 심리

흰색은 신뢰를 상징한다. 청결과 순수는 흰색을 연상시키며 위생이 요구되는 물건은 주로 흰색으로 되어 있다.

신뢰감을 필요로 하는 의사나 과학자, 상담자, 서비스 업종에 종사하는 사람들의 의류나 소품으로 매우 유용한 색이다. 안전용품이나 의료용품에도 흰색을 사용하는데 이는 무균의 청결함과 안전의 상징성이 신뢰로 이어지기 때문이다.

흰색을 좋아하는 사람은 기품이 있고 주변 사람들에게 인정받는 선망의 대상이 되고 싶어 하며 깔끔한 이미지를 추구한다. 흰색을 선호하는 사람들의 성향은 보수적인 면과 완벽함을 추구하는 스타일이 많으며 내성적인 면도 가지고 있다.

당신이 흰색을 선호한다면 어떤 일에 있어서 완벽함을 추구하며 기품 있는 특별함을 가지려고 노력하는 스타일이 아닐까?

부귀와 재물의 흰색

집안에 부귀를 불러오는 흰색의 모란은 예로부터 집안에 부귀와 재물의 운을 준다고 하여 액자로 간직하였다. 흰색의 모란은 보기 힘든 꽃이다. 고귀함과 결단력, 깨끗함의 상징과 함께 긍정의 기운이 있는 흰색 꽃이다.

시작과 부활의 흰색

흰색은 가장 밝은 색으로 세상의 시작을 알리는 색이다. 어둠의 검정과 함께 가장 먼저 생겨난 색이름으로 악을 극복하고 시작되는 부활의 의미를 지닌다. 종교에 귀의한 사람과 순례자들은 정결과 재생의 의미로 흰옷을 입는다.

신성함의 흰색

흰색은 신성함의 색이며 신의 색으로 천사나 천국의 이미지를 가진다. 종교적으로는 부활과 완전함을 상징하고 희생과 죽음, 고행과 금욕을 뜻한다.

상서로운 색으로 인식되는 흰색은 방위로 치면 서쪽에 해당하며 흰 호랑이인 백호는 서쪽을 지켜 주는 신령스러운 동물로 여긴다. 동물에서 흰색의 뱀이나 흰색의 호랑이를 신성시한다. 예로부터 공상적인 이야기나 동화 속에서도 흰색의 생물체는 특별한 힘을 가진다고 믿었다. 흰색은 우리 민족의 상징적인 색으로, 흰색의 말, 흰 사슴, 흰 꿩이 나타나면 태평성대를 알리는 길조로 생각하고 온 나라가 기뻐하였다는 기록을 볼 수 있다. 티 없이 깨끗하여 신성한 음식이란 뜻에서 아기의 백일상이나 돌상에도 눈처럼 흰 백설기를 준비한다. 불교에서 흰 코끼리는 부처의 탄생에 얽힌 성스러운 동물로 여긴다.

디자인의 흰색

기능적인 제품 디자인에서 가장 중요하게 생각되는 색이 흰색이다. 포스트모더니즘의 디자인을 추구하는 색으로 흰색은 더욱 그렇다. 엘비스 프레슬리는 이미지 변신과 세련미에 적합한 흰색을 선택하였다. 그는 흰색의 옷깃을 세운 모습으로 탈바꿈하였고 심플함과 세련미를 한층 더 돋보이게 하였다. 그러나 흰색을 지나치게 사용하면 공허함과 지루함을 주므로 인위적이며 실속이 없는 모순된 색이 되기도 한다.

확장되어 보이는 흰색

바둑에서 검은 돌과 흰 돌의 크기가 같아 보이지만 실제로는 검은 돌을 약 0.2mm 더 크게 만든다. 그 이유는 사람 눈의 착시현상 때문이다. 같은 크기의 흰색과 검은색 종이를 놓고 보면 검은색이 흰색보다 작아 보인다. 그래서 바둑알의 크기를 같아 보이게 하려고 검은 돌을 흰 돌보다 조금 크게 만드는 것이다.

건강과 관련된 흰색

흰색은 건강에 이로운 색이다. 인류의 역사에서 흰색의 식품들은 귀하고 중요하게 여겨졌다. 흰색의 식품들은 내분비를 활성화하는 효과가 있으며 때에 따라서는 무기력하게 만들 수 있는 색이기도 하다. 흰색의 양면성으로 일상생활에서 얼굴에 핏기가 없고 안색이 창백하면 건강 상태가 극히 나쁘다고 여기기도 한다. 타인에게 따분하고 정열이 없다는 인상을 줄 수도 있다.

죽음을 애도하는 흰색

흰색은 죽음을 떠올리게 하는 색이다. 흰색은 슬픔의 색이기 때문에 중국에서는 결혼식에 부적절한 색으로 여겨졌고, 인도에서는 결혼한 여성이 단조로운 흰색 옷을 입고 있으면 불행해진다고 믿었다.

흰색이 주는 다소 부정적인 느낌은 동양권에서 강하다. 우리나라에서도 흰색은 전통적으로 죽음과 애도를 상징한다. 흰색의 소복은 염색하지 않은 흰옷이다.

서양에서는 죽음에 대한 애도로 검은 옷을 입었지만, 우리나라에서는 상복으로 흰색의 소복을 입는다. 이때 흰색의 의미는 죽음이 끝이 아니라 또 다른 세계의 출발로 생각하였기 때문이다.

GRAY

하양과 검정의 혼색 '회색'

회색... 진지함과 겸손, 무력감의 회색

회색의 의미

회색은 검은색과 흰색의 중간색으로 중립적인 성격을 가지고 있다. 어둡고 차가운 회색은 침울하고 의기소침하여 독립적이지 못하고 개성이 없는 소극적인 성격을 상징한다. 반면에 따뜻하고 밝은 회색은 평온함과 부드러움을 느끼게 한다.

상징과 연상

긍정의 상징	지성, 고급스러움, 효율성, 성숙, 진지함, 겸손, 회상, 부드러움, 평온함, 이성적
부정의 상징	침울, 퇴색, 고독, 이기심, 의기소침, 무력, 무관심, 후회, 불안
추상적 연상	연기, 재, 시멘트, 도시

회색은 흰색과 검정 중간에 있는 색으로 두 색의 특성을 함께 가지고 있다. 회색을 좋아하는 사람은 많지 않지만 특별히 싫어하는 사람도 별로 없다.
회색은 보통 이중적인 이미지를 가진다. 지성과 평온함의 긍정적인 상징성을 갖고 있는 반면, 무력감과 퇴색적인 색으로 인식되기도 한다. 회색은 따뜻하게 느껴지는 회색과 차갑게 느껴지는 회색이 있다. 차갑게 느껴지는 회색은 거리감과 엄숙함이 느껴지며 다소 우울해 보이기도 한다. 따뜻한 회색은 부드러움과 평온함의 긍정적인 상징의 색이다.
승려의 의복이 회색인 이유는 쪽 풀을 이용한 염색 과정에서 짙푸른 남색 빛깔이 덜 착색되어 나타난 결과인데 그 빛깔이 따뜻하고 평온하며 비공격성과 무한함을 나타낸다. 회색은 새로운 변화를 자진해서 받아들이고 늘 주변의 색에 자신을 맞추는 색이다. 만일 당신이 회색을 좋아한다면 지혜와 지성을 나타내는 긍정적인 면의 성격을 가지고 있는 것은 아닐까?

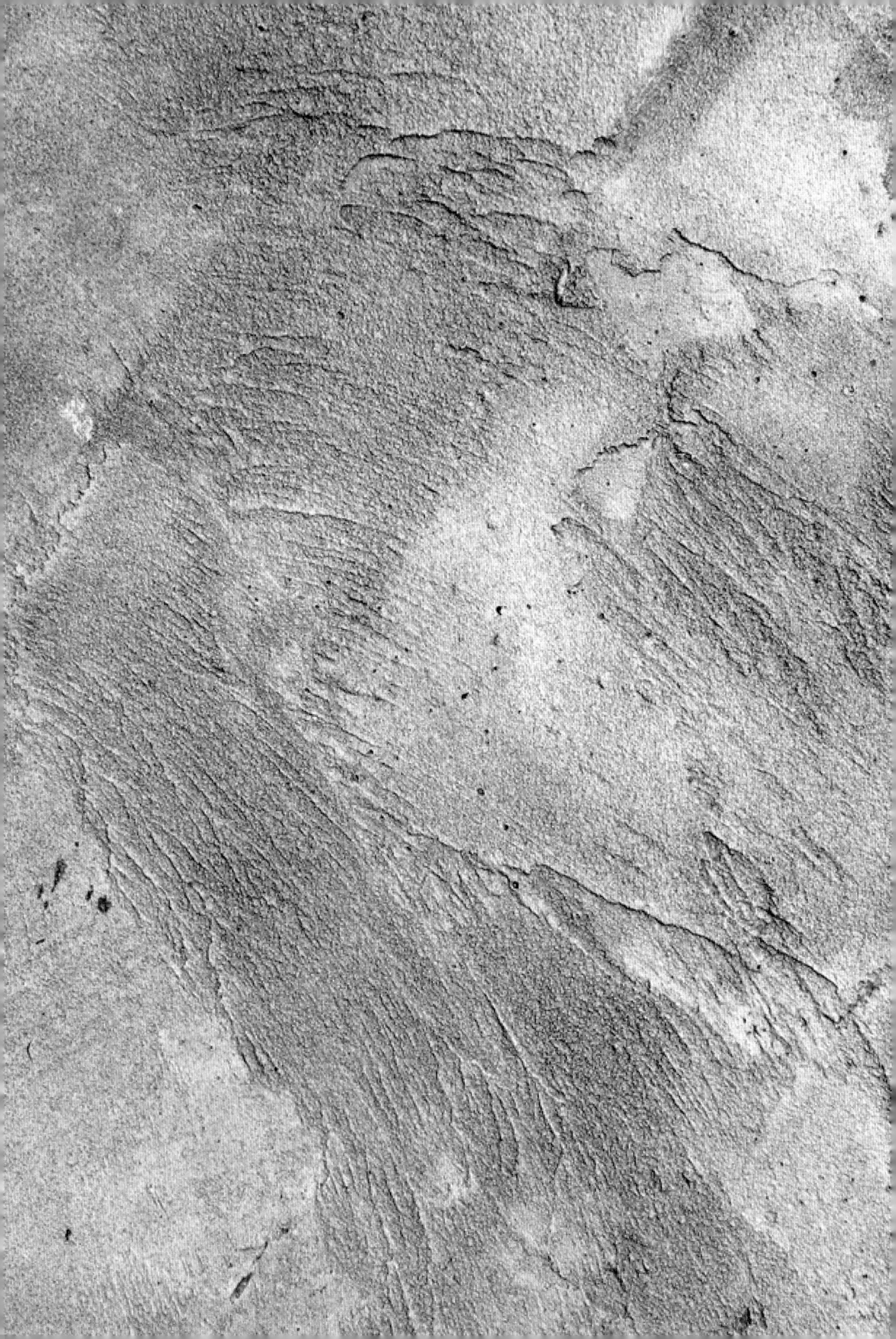

특성이 없는 그림자의 회색

회색은 일반적으로 감정이 없고 힘이 없는 색이다. 회색은 유일하게 완전한 중간색이지만 회색을 탄생시킨 양극의 색처럼 색상환에는 나타나지 않기 때문에 '그림자 색(shadow color)'이라고 표현하기도 한다. 대부분 회색은 흰색과 검은색의 혼색으로 독립적인 색이 아닌 주변 색에 의해 결정되는 색으로 사용된다. 특성이 없는 이중적인 회색은 의식과 무의식을 연결하는 다리로 긍정과 부정의 의미를 다 가지고 있다고 할 수 있다. 분명하고 명확한 자신만의 감정이 없는 회색은 흐릿한 이미지 때문에 정치적·사상적으로 뚜렷하지 않은 상태를 비유적으로 나타내는 데도 사용된다. 1948년 스위스의 심리학자 막스 뤼셔가 만든 색채 테스트 '뤼셔 테스트'에서 회색은 전통적인 색채 감정인 중립성을 상징한다고 하였다. 또한 회색을 통해 느낄 수 있는 분위기는 쓸쓸함과 어두움이며, 때로는 탁한 도시의 이미지, 회색의 하늘 같은 우울함, 뚜렷하지 않은 그늘, 따분함과 연결되어 '주장이 없는 색'으로 취급되기도 한다.

파괴와 노년의 회색

어떤 문제가 발생했을 때 주변의 색채를 회색으로 처리하면 가늠하기 어려움을 표현하는 것이다. 회색 재와 거미줄은 망각의 상징으로 표현된다. 또한 회색 재는 파괴의 상징성을 가지고 있다. 재해나 사고의 여파, 먼지와 거미집, 탄 연료나 재를 상징하는 색으로 정리가 안 되어 있는 상태 혹은 사고나 혼란, 불명확함, 괴로움을 표현하기도 한다.

회색은 노년을 연상시키는 색으로 현재의 시대에서 뒤진 색으로 표현된다. 추위와 겨울의 색으로 회색 시절은 우울과 권태로움이 함께 있다. 회색에 과도하게 집착하는 것은 억눌림 또는 신경쇠약을 의심하게 하며, 자존심의 결핍과 자신이 범한 과거의 잘못을 용서하지 못함을 의미하기도 한다.

세련된 회색

회색은 물리적 해석으로는 색이 없는 무채색이다. 그러나 모든 유채색과 무난하게 어울리며 배색을 하였을 때에 다른 색을 더욱 돋보이게 하는 능력이 있다. 때문에 회색은 패션, 인테리어, 포장 등 디자인 측면에서는 상당히 세련되고 고급스러운 색으로 각광받고 있다. 이때 부드러움과 안정감 그리고 세련미를 표현할 수 있는 회색과 함께 유채색과의 배색을 어떻게 하느냐에 따라 디자인된 제품의 감성과 품격은 많이 달라진다.

은밀한 회색

밤에는 모든 고양이가 회색으로 보이고, 회색시장은 장물을 거래하는 뜻을 표현하며, 회색왕은 은밀한 권력을 뜻한다. 회색은 무엇인가 비밀스러운 것을 숨기는 감정을 말하며 인색함과 시기의 색으로 알려져 있다.

BLACK

죽음과 공포의 '검정'

검정... 중후와 위엄, 불안과 절망의 검정

검정의 의미

검은색은 모든 빛을 흡수하는 색으로 어두운 색이다. 검정은 우울한 이미지로 무거움, 두려움, 암흑, 공포, 죽음, 권위 등을 상징한다. 색상과 채도가 없고 명도만 있는 무채색으로 밝고 어두운 명도의 기준으로 사용되며, 검은색에 가까울수록 명도가 낮다고 표현한다.

상징과 연상

긍정의 상징	세련미, 중후, 근엄, 격식, 신비, 위엄, 강한, 금욕, 지적인, 교양, 카리스마
부정의 상징	반항, 죽음, 어두움, 침묵, 비애, 공포, 폭력, 슬픔, 불안, 절망, 허무, 악함, 불건전한
구체적 연상	흑장미, 잉크, 밤, 연탄, 석탄, 검은콩, 눈동자, 까마귀, 악마, 쓰레기, 우주

검정은 가장 권위적이며 위압적인 색으로 부정적인 것을 대표하는 무채색이다. 그러나 검은색이 배경색으로 사용될 경우에는 다른 색상을 더 선명하고 돋보이게 하는 긍정적인 역할을 한다. 검은색은 보수적 성향과 진지함으로 엄숙하고 의례적인 행사에 존경의 뜻을 나타내기 위해 주로 사용된다. 심리적으로는 어두움, 그리고 소멸의 상징으로도 이해된다. 과거 남성의 권위가 지배적인 시대에는 성적 자유를 억압하는 상징으로서 여성에게 검은색 의상을 강요하였다.

아동의 그림에서 검은색을 강하게 덧칠하거나 강조하는 경우에는 심리적인 불안감과 억압, 분노, 공격성이 있는지 살펴볼 필요가 있다. 이러한 표현은 정서적 결핍으로 인한 고립감이나 사랑에 대한 욕구의 표현일 수도 있다. 검은색으로 부정적인 감정과 정서를 표현할 때는 자신의 감정을 자유롭게 표출할 수 있도록 충분한 사랑과 인정의 기회를 주어야 한다.

흰색의 상대적 개념 검은색

검은색은 밤으로 어두움, 그리고 흰색은 낮으로 밝음에서 비롯되어 두 색의 상징성은 서로 상반되는 경향을 갖고 있다.

검은색은 흰색과 함께 이해하는 것이 쉬운데 흰색은 밝음, 빛, 평화를 상징하지만 검은색은 죽음, 어두움, 악마의 상징성으로 위압적이고 공격적이다. 이 두 색의 대비를 통해 각각의 색이 가진 특성이 더욱 두드러진다.

흰색과 검은색은 죽음과 결부된 이미지의 상징성으로 장례식 등 진지한 예식에 많이 사용된다. 장례식에서 상복의 색이 검은색인가 흰색인가는 종교적 관념에 따라 달라진다.

죽음과 슬픔을 암시하는 검은색

검은색은 슬픔과 죽음을 상징한다.

영화 〈아마데우스〉의 첫 장면은 밤부터 시작되는데, 도입 부분이 검정으로 암울함과 무거움을 보여주며 영화 전체의 분위기를 암시한다. 영화 속에서 검은색 의상은 죽음을 상징하며 심리적인 측면에서는 비애와 슬픔을 연상하게 만든다.

검은색은 죽음과 죽은 사람을 애도하는 장례식을 연상시키고, 더불어 어두움이나 미지의 세계에 대한 공포로 연결시킨다. 장례식장의 검은색 상복은 검은 악령을 쫓아내는 역할을 하며 기독교에서는 검정이 죽음에 대한 슬픔과 애도를 의미한다.

반항과 젊음의 검은색

검은색을 좋아하는 사람은 남에게 간섭 받는 것을 싫어하며 자기 의사가 뚜렷하고, 주위에 좌우되지 않는 강한 면을 가지고 있다.

검은색은 연령별 선호도에 있어서 큰 차이를 보이는 색으로 젊은 층일수록 검은색에 대한 선호도가 높다. 검은색은 두 가지 이상의 상징적인 의미를 가진다. 젊은 사람들은 검정에서 품격있고 고급스러운 물건을 떠올리지만, 연령이 높을수록 죽음이나 슬픔 등을 떠올리기 때문이다. 청년들이 검은색에 대한 선호도는 반항을 의미하는데, 검정의 가죽옷과 가죽장갑, 오토바이는 충동적인 반항의 색이며 개성을 표현하는 상징성으로 인식된다.

모던한 분위기 연출의 검은색

검은색은 갖고 있는 절제된 미와 고급스러움 그리고 카리스마는 격조와 품위를 상징하는 제품에 사용된다.

특히 기능과 기술이 중요시되는 제품에 적용되는 색으로 자동차, 카메라 등이 대표적이다. 이것은 최첨단을 상징하는 이미지와 세련미, 강한 개성을 상징하는 색이기 때문이다.

검은색은 생활용품 전반에서 모던한 분위기를 연출한다. 검은색과 흰색으로 배색을 하면 다른 어떤 유채색들을 배색한 것보다도 더 뚜렷한 대조를 이룬다. 이러한 배색은 사람들의 눈길을 끌기에 아주 적합하며 모던함과 세련된 분위기를 표현하기에 충분하다.

음모와 사악함의 검은색

검은 동물은 무서운 악령을 뜻한다. 검은 박쥐의 날개는 악마를 연상시키며 검은색 뱀의 이미지는 사악함이 연상된다.
과거에는 검은 고양이가 앞을 가로질러 가면 나쁜 일이 생긴다고 믿어 두려워하였다. 검은색의 까마귀도 불행한 일이 생길 거라고 믿었다.
사람의 손을 검은색으로 그리면 음모를 도모하는 것으로 인식되고, 범죄 영화나 서스펜스 드라마에서 빠지지 않고 등장하는 검은색은 음모와 사악함을 나타낸다.

검은색과 관련된 단어

◦ black look 사악한 눈길
◦ black ball 사회적인 거부와 배척
◦ black gold 검은 금
◦ black money 검은 돈
◦ black list 요주의 인물
◦ blackmail 협박
◦ blackball 반대 투표를 한다는 뜻
◦ black box 정보기술의 전문용어로 사용

존경과 품격의 검은색

이브 생 로랑(Yves Saint Laurent)은 검정을 예술과 패션의 만남을 상징한다고 하였다. 패션계에서의 검은색은 어디에서나 선호하여 즐겨 사용되는 색이다. 검은색 옷을 좋아하는 사람들은 고귀함이나 격조 있는 이미지와 위엄을 보이고 싶어 한다.

검정은 약간의 사치를 허용하는 수도회에서 사용하는 색으로 격식과 품위를 나타내는 대표적인 색이다. 검은색이 갖고 있는 당당함, 힘, 중후함 등의 이미지로 인해 중국의 진시황제와 로널드 레이건(Ronald W. Reagan)도 검은색을 즐겼다고 한다.

검은색 리무진, 검정 타이는 그 당시의 유행하였던 색으로 패션계에서의 검은색 의상은 신분, 품위, 부유함, 존엄함의 표현이다. 초대장에 블랙 타이(Black tie)라고 써 있으면 행사의 중요성과 동시에 격식과 우아함이 담긴 행사를 의미한다.

섹스어필에 효과적인 색

검은색은 강인한 도회적인 분위기와 세련된 이미지를 갖고 있다.

검은색 옷이 더욱 섹시해 보이는 것은 왜 그럴까? 아마도 검은색과 흰 피부색의 대비 때문이며 시각적으로 축소되어 날씬하게 보이도록 만드는 효과가 있기 때문일 것이다.

검은색은 깔끔한 느낌을 주며 세련되어 보인다. 특히 어두운 계열의 탁한 느낌이 있는 검은색은 심플하면서 스마트하고 똑똑한 느낌을 준다.

COLOR ENERGY _ 색채 치료

몸과 마음을 치유하는 색

우리는 하루 종일 색 속에서 살아간다. 색은 우리를 대변하기도 하고 치유하기도 하며, 또 어떤 메시지를 우리에게 전달해서 영향을 주기도 한다. 이처럼 색은 다양한 의미와 에너지를 가지고 있으므로 각각의 색이 가지고 있는 특징을 잘 파악하고 활용한다면 심리적, 신체적 건강을 지킬 수도 있다. 이것이 바로 컬러 에너지를 이용한 색채 치료로, 우리가 필요할 때에 색의 힘을 이용할 수 있는 것이다.

현대적 의미의 색채 치료의 역사

색채 치료는 가장 오래된 의술 중 하나이다. 고대 여러 문명에서도 모든 색채의 근원인 태양을 숭배하고, 태양으로부터 에너지를 받아 치유하고자 했는데, 특히 빨강은 대표적 치료 색채로 악귀를 쫓아 병을 낫게 한다고 믿었다.

고대 이집트의 신전은 치료실로도 활용되었는데, 여기서는 타박상엔 보라, 출혈에는 빨강처럼 질환과 같은 색을 이용한 치료가 이루어졌다. BC 4세기에 의학의 아버지 히포크라테스가 상처 치료에 다양한 색의 연고와 고약을 사용하면서, 색에 대한 의학적 연구로 색채가 현대의학의 한 부분이 될 수 있는 기반을 마련했다. BC 3세기에 아리스토텔레스는 색이 있는 수정, 고약, 광선, 물감을 이용해서 치료하도록 권고했고, 1세기에는 로마의 명의 코넬리우스가 색 반창고로 색을 더 널리 사용하도록 했다.

중세에는 이단 취급을 받기도 했지만 르네상스 시대에는 과학이 발달하면서 색채 요법이 치료에 본격적으로 사용되었다. 현대에 들어오면서 색채 요법은 더욱 구체화되었고, 오랜 시간 동안 의사, 심리학자, 신경학자들에 의해 입증된 매우 과학적이고 분석적인 분야가 되었다. 이 과정에서 뉴턴은 프리즘을 통해 빛을 7가지 색으로 규정하면서 색채 치료의 과학적 연구가 본격화될 수 있는 기반을 마련하였고, 파버 비렌은 색채 분야에 현대적 기반을 구축하면서 현재까지 많은 색채 요법들이 의학적으로 널리 이용될 수 있도록 했다.

동양에서도 색을 치료에 사용했는데, 우리나라는 음양오행을 기반으로 한 오방색을 이용했고, 인도에서는 각기 다른 색의 용기에 물을 담아 햇빛에 노출시킨 다음 그 물을 마시게 했다.

색의 에너지를 이용하다

색은 우리의 생각을 뛰어넘는 강한 힘을 가지고 있다. 어떤 색이 본인에게 도움이 되는지 파악하고 잘 활용한다면 삶을 더 즐겁고 활기차며 의미 있게 살아갈 수 있을 것이다.

차크라와 색

차크라는 힌두교와 탄트라, 불교 종파 등에서 신체 수련에서 중요하게 작용하는 부분으로, 육체적·정신적인 에너지가 집중되는 신체의 일곱 부분을 의미한다. 차크라는 8만 8천 개가 있다고 한다. 이 중에서 가장 중요한 7가지를 선정하고, 이곳을 상징하는 색을 떠올리며 활력을 불어넣어 주는 것으로 치료 효과를 볼 수 있다.

차크라의 색은 뒤에 나올 현대적 색채 치료와도 비슷한 것을 알 수 있다.

7가지 차크라와 색

뿌리	●	성적, 생식(용기, 빈혈, 중풍, 무기력, 기관지염, 변비, 내분비 장애 개선)	하등 에너지 -생식 신체 에너지
천골	●	본능적 감정, 창조력(신장질환, 감기, 정진적 탈진, 간질, 담석, 갑상선 항진, 류머티즘, 관절염, 천식 개선)	하등 에너지
명치	●	자존감, 사회적 정체성(소화장애, 변비, 당뇨, 발진, 반신불수, 우울증, 마비 개선)	하등 에너지
심장	●	사랑, 자기 인정, 타인 인정(후두염, 척추장애, 복통, 악성 종양, 정신질환, 궤양, 불면증 개선)	중립 에너지
목	●	자기 표현, 의견 표출(탈모, 히스테리, 신경질, 불면증, 가려움증, 화상, 수두, 홍역, 콜레라, 열병, 편도선 개선)	고등 에너지
이마	●	직관, 통찰(갑상선 항진, 정신질환, 기관지, 비장, 경련, 청력, 강박증, 건망증, 호흡기, 눈, 귀 개선)	고등 에너지
정수리	●	우주적, 영적, 이해력(뇌진탕, 경련, 신장 질환, 두피, 정신질환, 신경통, 피부질환, 종양 개선)	고등 에너지 -현명함, 영적 신체 에너지

CHAKRAS INFORMATION

CROWN
Connection of Godness, the Divine Source

AJNA

THIRD EYE
Wisdom and spiritual awakening

VISHUDDHA

THROAT
Creativity and communication

ANAHATA

HEART
Love and kindness

MANIPURA

SOLAR PLEXUS
Willpower and self-confidence

SVADHISTHANA

SACRAL
Sexuality and sensuality

MULADHARA

BASE
Sense of safety and grounding

빛과 색채 요법

고대 문명에서는 주로 신전에서 색채 요법을 시행했다. 증상에 따라 필요한 색의 빛을 비추어 치료하는 방법이었는데, 이때 색을 만드는 조명 기술이 없어 주로 강한 색채를 가진 투명한 돌을 사용했다. 예를 들어 황달에는 노란색 녹주석을, 혈액 순환이 되지 않아 파래지면 청금석을 사용하는 방식이었다.

이후 색유리가 개발되면서 빛을 이용한 색채 요법은 더 활발해졌고, 치료 장소도 당시 번성했던 교회로 바뀌었다. 교회는 스테인드글라스를 통해 치료에 효과가 있는 다양한 색의 빛을 흡수할 수 있는 곳으로 여겨지기도 했다. 현대에는 색 조명을 통해 더욱 간단하게 색채 요법을 적용할 수 있게 되었다.

색채 심리학

색은 우리의 기분이나 심리 상태와 연관된다. 색채 심리에 대한 연구는 심리학자, 정신과 의사들을 위주로 실시되었는데, 색채가 인간에게 총체적 영향을 미치고 각기 담당하는 역할이 있으며, 건강한 삶을 위해 색의 균형이 필요하다는 사실을 발견해 냈다.

색의 특성과 치료

각 색들이 가지고 있는 특성과 성향, 그 색이 가지고 있는 치료 효과에 대해 알아보자. 여기서는 먼저 좋아하는 색을 통해 어떤 사람인지 성향을 살펴보고, 그 색을 이용한 치료 부분을 함께 다루어 보도록 한다.

빨강(Red): "무슨 일이 있어도 내가 하고 싶은 대로"

빨강을 좋아하는 사람은 적극적이고 외향적이며 삶에 대한 의지가 강한 타입으로, 지칠 줄 모르는 에너지의 소유자이자 도전적이고 진취적인 사람이다. 하지만 이런 성향 때문에 때로는 생각 없이 행동하거나 끈기와 근성이 부족하기도 하다. 또, 가끔은 감정 기복이 심하고 다혈질이 되기도 하는데, 빨강의 성향을 가진 사람은 지도자, 개혁가, 투사, 탐험가, 개척자, 군지휘자, CEO들이 많은 것으로 알려져 있다.

부정적으로 표현되는 경우에는 잔인, 잔혹, 편견, 폭력, 완고, 악평 등과 연계되기도 한다.

심리치료	빨강은 열정과 기운을 북돋워주는 색이다. 아드레날린을 분비시켜 두려움을 극복할 수 있는 에너지를 주어, 무기력하고 나태한 사람들에게 추천된다.
신체치료	빨강은 생식기나 혈액 순환계와 관계되는 것으로, 난소 질환, 동맥경화, 빈혈 등을 치료하고, 난색의 따뜻함으로 감기나 보온에도 도움이 된다. 또 근육이나 관절에도 도움을 주어 마비 증상 치료에도 효과적인데, 물리치료실에 있는 빨강빛 조명은 우리에게 익숙하다.

주황(Orange): "사교성 좋은 긍정적 낙관주의자"

자립적이고 현실적이면서도, 다정하고 상냥하며 마음이 따뜻한 이타적 성향의 사람이다. 주황하면 이타적이고 사교적이라는 것과 함께, 밝고 건강한 성격을 가장 먼저 떠오르게 한다. 타고난 성향으로 모임의 중심인물이 되는 경우가 많고, 또 빨강보다는 조금 완화된 느낌으로 강한 추진보다는 분석하고 기회를 기다리는 여유를 가지고 있어, 훌륭한 조력자가 되기도 한다. 개인보다는 함께 모여서 하는 일을 좋아하고, 또 그룹의 성공에서 큰 만족감을 느끼는 공동체형이다. 주황의 성향을 가진 사람은 밝은 성격으로 신체적 활동이 두드러지며, 요리사나 스포츠인들이 많은 것으로 알려져 있다.

부정적으로 나타나는 경우에는 자만, 과시, 횡포, 억지, 방종 등으로 표현되기도 한다.

심리치료	주황은 섬세함과 부드러운 성격으로 이타적이고 남을 배려하는 색이다. 우울이나 슬픔, 상실감, 분노 등 감정적 어려움을 이겨내는 데 도움이 되는 마음의 평안을 주는 색이다.
신체치료	주황은 소화기관과 염증 치료에 관계되는 것으로 알려져 있다. 위장이나 복부 질환에 도움을 주기 때문에, 주황 부분에 이상이 생기면 영양소를 흡수하지 못하게 된다. 또 염증에도 도움을 주어, 천식, 신장질환, 류머티즘 증상 치료에도 효과적이며, 이외 건선이나 사마귀에도 효과가 있는 것으로 알려져 있다.

노랑(Yellow): "발랄하고 섬세한, 지적인 이성주의자"

노랑은 발랄하고 섬세한 성격의 소유자이자, 정신적으로도 뛰어난 명석하고 이성적인 성향의 사람으로, 주의 집중력이 매우 높다. 또 유연한 융통성으로 의사소통에 뛰어난 능력을 보여주어 언론인이나 상담사, 과학자들에게 많이 보이는 성향이다.

노랑의 가장 강한 이미지는 밝고 즐거우며 행복한 분위기다. 자유로움을 추구하고, 때로는 어린아이 같거나 자기중심적, 이기적인 모습을 보이기도 한다.

부정적으로 나타나는 경우 냉소, 불신, 자기몰입, 이기적인, 천박함, 경솔함 등으로 표현되기도 한다.

심리치료	노랑은 타고난 밝음으로 즐거움을 주는 색이다. 부정적 생각이나 우울함, 의기소침한 생각에서 벗어나 자긍심과 웃음을 만들어 내는 즐거움을 주는 색이다.
신체치료	노랑은 생식기와 혈액 순환계에 관계되며, 몸의 독소를 제거하는 것으로 알려져 있다. 여드름이나 종기, 당뇨, 신경질환에도 효과가 있으며, 부종이나 방광염, 장질환에도 치료 효과를 보인다. 특히 류머티즘의 증상 완화에도 도움이 되는 것으로, 관절과 관련된 약들이 노란색이기도 하다.

초록(Green): "분별력과 명석함으로 균형을 이루는 사람"

초록은 이상주의자이며 사회적 양심이 강한 성향의 사람이다. 윤리적 잣대를 가지고 중용의 미를 아는 균형과 조화를 이루는 사람으로, 대립되는 양면을 모두 이해하는 능력을 가지고 있다. 흥분하거나 심리적 동요가 있어도 금방 균형을 이루며, 베풀기를 좋아하는 이타적 성향이다. 또 신뢰도가 높은 사람이며, 뛰어난 분별력과 명석함 그리고 임기응변에도 능하다. 주로 의사, 농부, 환경 보호론자 등에게서 많이 보이는 성향이다.

부정적으로 나타나는 경우 의심, 불신, 둔함, 탐욕, 실망 등으로 표현되기도 한다.

심리치료	자연을 떠올리게 하는 초록은, 균형과 안정을 찾아주는 색으로 마음과 신체를 회복시키고 평안함을 준다.
신체치료	초록은 심장, 어깨, 가슴, 폐 등 주로 상체와 관련된 기관에 치료 효과를 보인다. 또 충격이나 피로를 해소하고 신체적 안정을 찾아주며, 해독작용에 효과를 보이고 구토, 두통, 멀미, 감기, 폐쇄 공포증 등과 여러 악성질환으로부터 회복 효과를 보인다.

파랑(Blue): "말보다는 생각, 진실한 사람"

파랑은 뛰어난 지능의 소유자이며, 진실한 사람이다. 이성적 타입이며 진중하여 말보다는 생각이 깊고, 생각의 결론이 나야 행동한다. 정직, 신의, 성실하며, 차분하고 사려 깊은 성향으로 시인, 철학가, 작가들에게서 많이 보이는 성향이다.

부정적으로 나타나는 경우 허약, 정서불안, 잔혹, 냉담, 고집 등으로 표현되기도 한다.

심리치료	파랑은 평화로운 안정감을 주는 색으로, 마음을 진정시키고 차분하게 해준다.
신체치료	파랑은 갑상선, 인후, 폐 등 목 부분과 관계되는 색이다. 또한 귀와 관련된 질환이나 언어 장애 등에도 치료효과를 보인다. 또 파랑은 한색으로 열을 내리고, 이로써 염증을 완화시켜 준다.

남색(Indigo): "흔들림 없이 목표를 추구하는 사람"

남색은 진실을 추구하는 사람으로, 영적인 성숙도가 높은 사람이다. 끈기와 의지로 목표를 향해 나아가는 성향이며, 중심과 기준이 확고하고, 일탈을 좋아하지 않아 때로는 과거를 고수하는 성향으로 나타나기도 한다. 설교자, 작가, 배우, 법조인 등에게서 많이 보이는 성향이다.

부정적으로 나타나는 경우 맹목적 열정과 고집으로 표출되어, 고집불통, 독재, 강박 등으로 표현되기도 한다.

심리치료	남색은 누군가를 이해하거나 깊은 생각이 필요할 때에 도움이 되는 색이다. 또 마음을 정화하고 편안하게 해주는 작용을 한다.
신체치료	남색은 뼈나 척추에 도움이 되는 색으로, 진통제 역할을 하며, 숙면을 돕는다. 또한 박테리아나 오염된 물, 공기, 음식 등에 정화작용을 하여 각종 염증과 종양, 해독, 설사 등에 치료 효과가 있다.

보라색(Purple): "지적이고 창조적인, 겸손한 지도자"

보라는 아주 오랜 옛날부터 신성함을 나타내는 색으로, 강한 힘과 관대함을 가진 지도자의 성향이다. 높은 정신적 지각과 자의식을 가지고 있으며, 창조력과 미의식을 바탕으로 한 예술적 성향이 강한 사람이다. 보라는 지도자, 성직자, 선생, 시인, 화가, 음악가 등에게서 많이 보이는 성향이다.

부정적으로 나타나는 경우 무자비, 과대평가, 과대망상, 속물 등으로 표현되기도 한다.

심리치료	보라는 높은 정신적 의식의 색으로, 차크라에서도 가장 높은 고등에너지에 속한다. 신체와 정신의 조화를 이루고, 리더십을 향상시키는 색이다. 또한 정신질환에 효과적인 대표 색으로 알려져 있다.
신체치료	보라는 주로 두정부, 정수리를 관장하는 색으로, 뇌 질환이나 면역계 질환과 관계된다. 뇌진탕, 치매, 간질, 심한 두통, 정신질환 등 뇌 질환과 장염 등 면역계 질환, 그리고 근육의 긴장 완화와 출혈 감소 등 예민함을 진정시켜 주는 치료 효과가 있다.

보라색은 사용 시 주의점이 있다. 매우 강렬한 색으로 오랜 시간 노출되면 우울감을 느끼게 되고, 심하면 자살 충동을 느낄 수도 있다. 따라서 짧은 시간에 사용하거나 보라색을 중화시키는 금색과 함께 사용한다. 예로부터 장식, 옷차림 등에 금색과 보라는 함께 사용해 왔다.

7가지 무지개 색을 이용한 인간의 일생

0~10세	●	신체적 성장
10~15세	●	활동, 춤, 운동
15~20세	●	지능, 교육, 학습
20~40세	●	인간관계, 사랑, 자녀
40~60세	●	활동적인 영역에서 숙고의 영역으로 전환
60~70세	●	인식: 모든 것을 완성하는 단계
70세 이상	●	통찰력: 무한

자연의 색

자연은 삶의 질을 향상시켜 주는 색들로 가득하다. 파란 하늘은 마음을 진정시켜 평안을 주고, 녹색 잔디와 나무는 신체를 강화하고 해독해 준다. 이처럼 자연의 다양한 색은 우리에게 긍정적인 영향을 주며, 우리의 몸과 마음을 편안하게 해준다.

또 다양한 색을 지닌 채소들은 우리에게 훌륭한 에너지원이 될 수 있어, 컬러 푸드로 많이 알려져 있다.

치유를 위한 컬러 푸드

우리는 음식을 맛뿐만 아니라 색과 함께 먹는다. 식재료는 각각이 가진 영양소가 있고 이것은 주로 색으로 표현되기 때문에, 식재료의 영양성분뿐 아니라 색의 균형을 맞추어 섭취하는 것이 좋다. 또 음식의 색으로 인해 식욕이 증가하거나 감소하기 때문에 건강, 치료, 기분전환 등을 위해 여러 색상의 음식을 골고루 섭취하는 것이 좋고, 본인에게 요구되는 부분의 음식을 섭취하는 것이 좋다.

식재료의 색과 그 효과

●	활력을 북돋우고 무기력과 피로를 풀어 준다. 혈류 속도를 증가시켜 동맥을 확장시켜 주어서 혈관 질환에 도움이 된다.
●	주황 식재료는 색처럼 낙관적 성향으로 이끌어, 슬픔과 실망 등 부정적 감정에서 벗어나게 해준다. 소화를 돕고 면역체계를 강화한다.
●	웃음, 즐거움을 주는 색으로, 우울증을 다스린다. 노랑을 띄는 식재료들은 천연 변비약으로 독성을 제거하고, 중앙 신경체계를 돕는다.
●	주로 엽록소가 들어 있는 음식으로, 체력을 높여주고 불안감, 공포, 두려움에서 벗어나게 해준다. 초록 허브는 자연 강장제 역할을 한다.
●	집중력을 높이는 식재료이며, 두려움을 치료하고 평화와 휴식을 준다. 또한 모세혈관을 강화시키고 혈압을 낮춰 준다.
●	습진이나 멍을 낫게 하고, 새 조직이 자라나도록 한다.
●	감정을 차분하게 해주어 정신 질환에 도움을 주며, 안토시안이 풍부해 눈 질환에도 효과적이다.

아이들을 위한 색

아이들을 위한 가장 자연스러운 색채 치료는 아이의 방을 색으로 꾸미는 것이다. 벽지, 커튼, 가구, 침구류 등 다양한 것을 이용할 수 있으며, 간단한 조명 색만으로도 변화와 치료 효과를 얻을 수 있다. 예를 들어, 열이 있다면 파랑을 이용하여 열을 낮추고, 집중력 향상에 도움을 주려면 노랑을 이용한다.

아이들에게 색을 사용할 때에는 몇 가지 주의할 점이 있는데 8세 이하일 경우 강한 노랑은 오히려 산만하게 할 수 있어 부드러운 약한 노란색을 사용하고, 보라는 짧게 노출시키는 것이 좋다는 것 등이 있다. 또 갈색은 자연스럽고 고급스러운 이미지의 대표적 색이지만 아이들에게는 무기력하고 내성적인 영향을 주므로 피하는 것이 좋다.

아이들에게는 연두빛 노랑, 크림색, 분홍색 등 밝은 색을 위주로 사용하고, 여기에 아이에게 필요한 색을 적용해 준다. 색을 사용할 때에 가장 중요한 것은 조화와 균형을 이루는 것이라는 점을 항상 기억하자.

◦ 연령에 따른 색

신생아: 신생아에게는 편안함을 주는 것이 중요하다. 흰색을 기반으로 연녹색, 분홍색, 복숭아색 등 파스텔 톤을 이용한다.

18개월까지: 성별에 관계없이 사랑과 보호의 분홍색과 진정 효과의 하늘색으로 균형과 안정을 준다.

2~4세: 분홍색은 자신감 증진, 파란색은 언어력 향상, 연녹색은 안정감, 레몬색은 지적 능력을 준다.

청소년기: 주황으로 성취감과 용기, 학습증진 효과를 줄 수 있다.

산만한 아이에게는 초록, 파랑으로 안정감을, 지적 능력에는 노랑, 스트레스와 두려움을 완화하는 데는 금색이 좋다.

COLOR IMAGEMAKING

_ 색채 이미지

컬러 이미지 메이킹

우리가 색을 볼 때에 관심이 없다면 그냥 예쁘다, 좋다, 밝다, 어둡다 정도로 느끼지만, 실제로 색이 가진 힘은 더 크고 강하다. 우리 주변의 다양한 색들은 우리에게 여러 가지 메시지를 전달하고 있는데, 이것을 잘 활용하면 반대로 우리가 표현하고자 하는 메시지를 전달하고 목적을 이루도록 도와주기도 한다. 이것이 바로 컬러 이미지 메이킹으로, 내가 원하는 분위기를 어떻게 연출할 수 있는지, 또 그로 인해 인간관계를 어떻게 변화시킬 수 있는지 살펴보도록 한다.

퍼스널 컬러

퍼스널 컬러(Personal color)는 개개인이 가지고 있는 고유한 신체적 특징으로 피부, 모발, 눈동자 등의 색으로 구분한다. 본인의 퍼스널 컬러를 파악하고 있으면 이에 맞는 색을 선택할 수 있고, 개성적이고 추구하고자 하는 이미지를 만들 수도 있다.

타고난 개인의 신체 컬러를 알면, 이를 기반으로 최상의 이미지 연출과 이미지 메이킹이 가능한 것이다. 우리나라에서도 몇 년 전부터 퍼스널 컬러의 인기가 급증했는데, 메이크업이나 스타일링 등 뷰티에 관심 있는 사람은 물론이고, 컬러 심리 테스트나 컬러 건강관리, 컬러 이미지 메이킹 등과 관련하여 그 관심은 더욱 높아지고 있다.

당신의 색 톤을 찾자

퍼스널 컬러의 기본은 warm color 그룹과 cool color 그룹에서 시작된다. 본인의 기본 톤은 피부, 모발, 눈동자의 기본색을 통해 알 수 있는데, 자신의 기본 톤을 잘 모를 때에는 종이 위에 손을 올려놓고 비교해 보자. 하얀 종이와 약간 노란빛이 도는 색 위에 놓았을 때, 하얀 종이가 더 어울리는 사람은 청색 계열의 쿨톤, 노란빛이 도는 종이가 더 잘 어울리면 황색 계열의 웜톤이다. 다음에서 A가 많다면 cool color, B가 많다면 warm color가 된다.

피부색

흰 피부가 기반이 되는 cool과 노란빛 기반의 warm으로 구분된다.

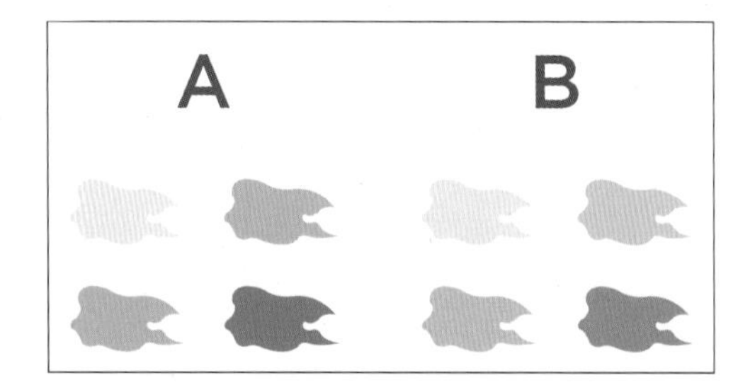

머리카락

cool은 회색빛 짙은 갈색, 회갈색, 푸른빛 갈색, 검은색 등이 있고, warm은 연한 갈색, 짙은 갈색, 황갈색 등이 있다.

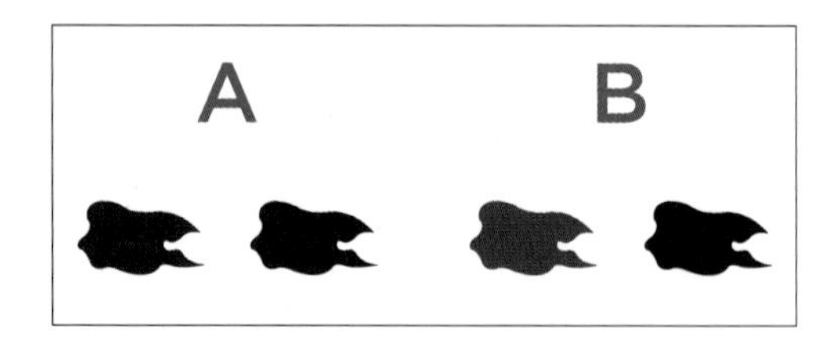

눈동자

홍채 안의 멜라닌 색소에 의해 결정되는 것으로, 푸른빛의 cool과 노란빛의 warm으로 결정된다.

이처럼 cool과 warm으로 그룹을 나누어 색상 선택의 기준으로 삼는다.

cool color	warm color
파랑과 회색 등 한색 계열로, 여름과 겨울을 나타내는 톤이다. 여름은 명도가 높고 부드러운 색을, 겨울은 선명하거나 명도가 낮고 선명한 색을 주로 사용한다.	노랑, 황금색 등의 따뜻한 계열로, 봄과 가을을 나타내는 톤이다. 봄은 명도가 높고 맑은 색을, 가을은 명도가 낮고 탁한 색을 주로 사용한다.

사계절 색채 이론_요하네스 이튼

퍼스널 컬러 분석을 통한 cool과 warm을 기반으로, 사계절로 분류하고 해당 시즌별 특징을 이용하여 나에게 어울리고 필요한 색을 선택할 수 있다.

봄: Yellow base_warm

봄은 노란빛을 기본으로 한 얇고 투명한 우윳빛 피부로, 대체로 눈동자와 모발이 밝은 노란빛 갈색 계열로 부드러운 인상을 준다.

아이섀도는 밝고 화사한 코럴이나 주황, 연두 계열을 사용하고, 오렌지 볼 터치와 코럴, 살구, 빨강 계열의 립스틱이 어울린다. 주로 또렷하고 강한 색조를 위주로 한다.

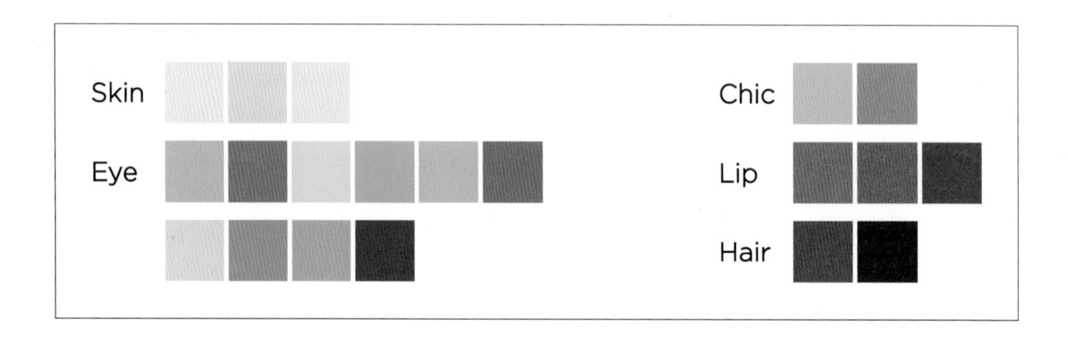

여름: Blue & White base

여름은 푸른빛을 기본으로 한 희고 붉은 기의 피부로, 대체로 눈동자와 모발이 밝은 갈색과 어두운 회갈색 계열로 나타난다.

아이섀도는 강하지 않는 파스텔 톤의 블루나 핑크, 라일락 등을 주로하고, 로즈핑크, 옅은 분홍의 볼 터치를, 립스틱은 로즈 베이지나 핑크 컬러가 어울린다.

강한 색조보다는 주로 밝고 약한 파스텔 톤의 색조를 위주로 한다.

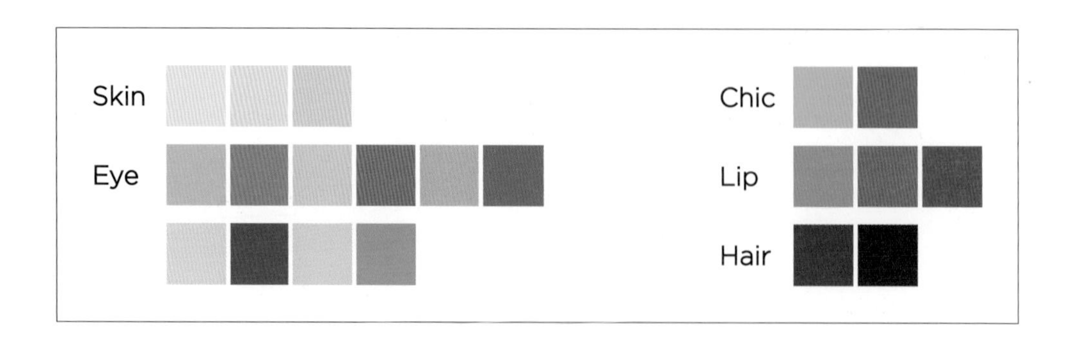

가을: Golden base

가을은 노란빛을 기본으로 혈색이 없고 갈색을 띠는 피부로, 대체로 눈동자와 모발이 짙은 갈색과 암갈색으로 그윽하고 차분한, 포근한 느낌을 준다.

아이섀도는 짙은 카키, 갈색을 주로 하여, 깊이감 있게 나타내고, 오렌지, 브라운, 산호색 볼 터치와 와인레드, 브라운 계열의 립스틱으로 우아한 이미지를 표현한다.

주로 어둡고 진한 색과 조금 밝은 색조를 함께 이용한다.

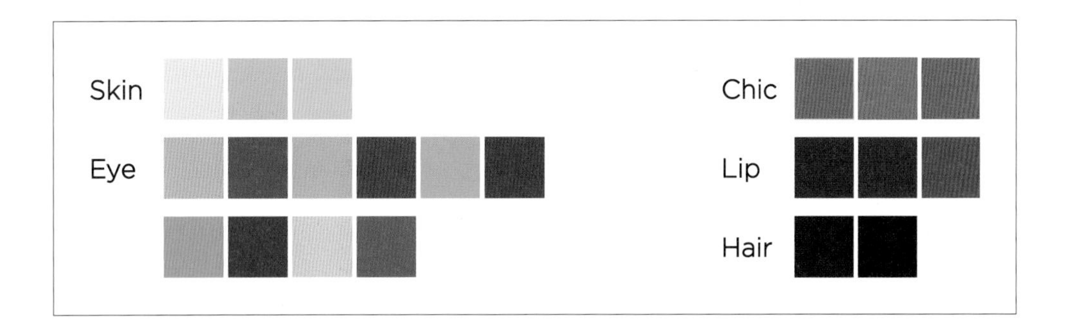

겨울: Blue & Black base

겨울은 푸른빛을 기본으로 창백하고 푸른 기를 띠는 피부로, 대체로 눈동자와 모발이 회갈색 또는 검은색으로, 흰 피부와 대조적으로 나타나 깔끔하고 세련된 다이나믹한 느낌을 준다.

아이섀도는 흰색, 은색, 마젠타, 남색 등의 강한 톤으로 깊이감 있게 표현하고, 로즈핑크, 밝은 분홍으로 볼터치를, 와인레드, 자주색의 립스틱으로 세련된 이미지를 표현한다. 비비드, 베리페일, 다크를 위주로 표현한다.

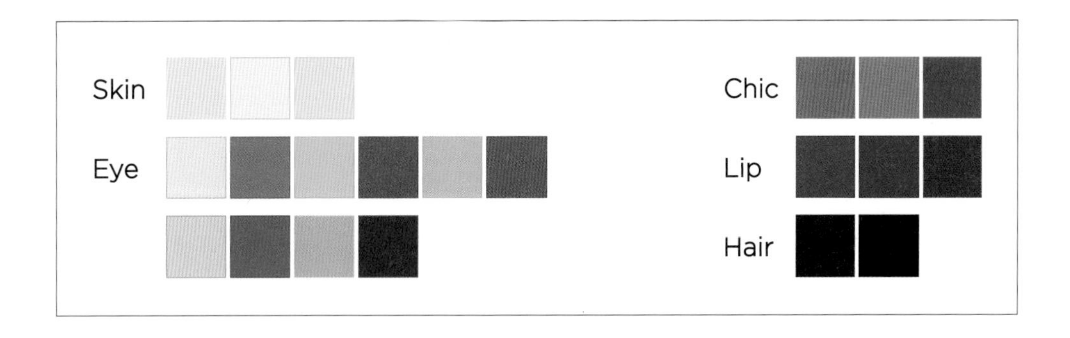

상황에 따른 컬러 이미지 메이킹

연애 이미지 메이킹

남자친구에게 여성적 매력을 발산하고 싶다면, 어떤 색을 선택하면 좋을까?

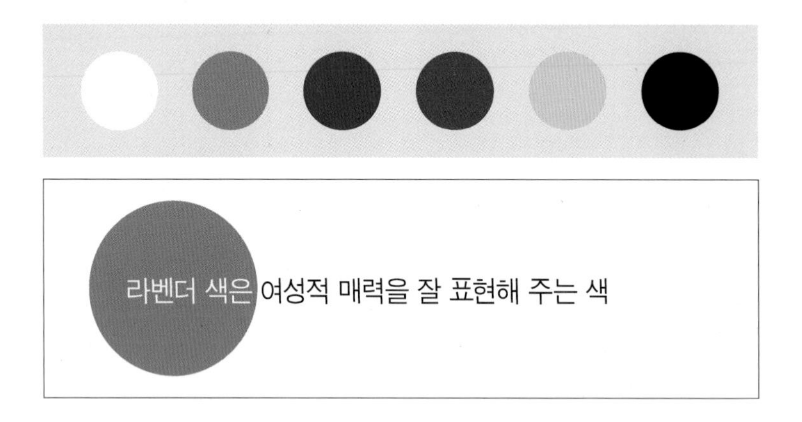

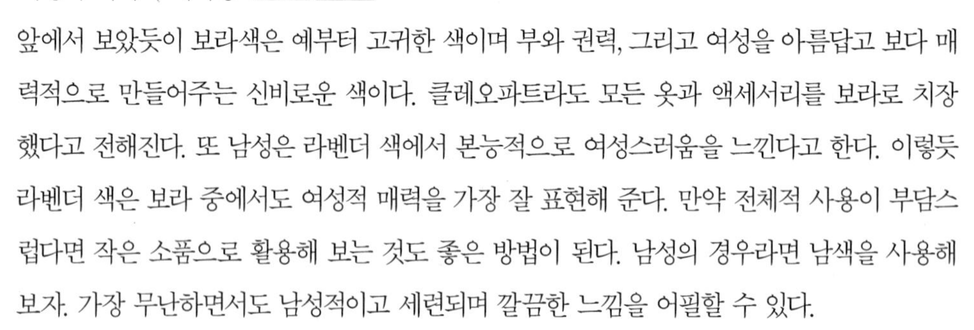

◦ 여성적 이미지 메이킹

앞에서 보았듯이 보라색은 예부터 고귀한 색이며 부와 권력, 그리고 여성을 아름답고 보다 매력적으로 만들어주는 신비로운 색이다. 클레오파트라도 모든 옷과 액세서리를 보라로 치장했다고 전해진다. 또 남성은 라벤더 색에서 본능적으로 여성스러움을 느낀다고 한다. 이렇듯 라벤더 색은 보라 중에서도 여성적 매력을 가장 잘 표현해 준다. 만약 전체적 사용이 부담스럽다면 작은 소품으로 활용해 보는 것도 좋은 방법이 된다. 남성의 경우라면 남색을 사용해 보자. 가장 무난하면서도 남성적이고 세련되며 깔끔한 느낌을 어필할 수 있다.

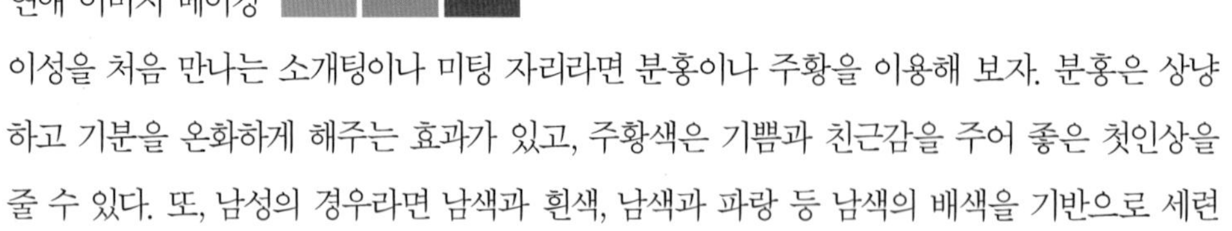

◦ 연애 이미지 메이킹

이성을 처음 만나는 소개팅이나 미팅 자리라면 분홍이나 주황을 이용해 보자. 분홍은 상냥하고 기분을 온화하게 해주는 효과가 있고, 주황색은 기쁨과 친근감을 주어 좋은 첫인상을 줄 수 있다. 또, 남성의 경우라면 남색과 흰색, 남색과 파랑 등 남색의 배색을 기반으로 세련된 이미지를 표현하는 것이 좋다. 또 연인 사이라면, 아드레날린 분비로 열정과 에너지를 느끼게 할 수 있는 빨강을 이용하면 좋다. 오늘 연인에게 빨간 꽃다발을 선물해 보는 건 어떨까?

◦ 피부를 예쁘게 하는 이미지 메이킹

피부가 좋아 보이려면 명도 대비를 이용해 보자. 흰 피부를 원한다면 어두운 색의 옷을 선택해서 실제보다 더 밝고 깨끗한 피부로 보이게 할 수 있다. 반대로 건강한 그을린 피부를 강조하고 싶다면, 여름 바닷가에 흰 셔츠나 원피스를 입은 사람들이 많듯이 밝은 옷을 선택하는 것이 좋다.

◦ 더 날씬해 보이는 이미지 메이킹

검은색 옷을 입으면 날씬해 보인다는 것은 누구나 아는 상식이 되었다. 어두운 색은 수축되어 보이고, 밝은 색은 확장되어 보이기 때문이지만 날씬해 보이고자 온통 블랙을 사용한다면, 너무 어두워 보이는 부정적 효과를 초래할 수도 있다. 때문에 상하의를 나누어 검정과 유채색 컬러를 매치하면, 좀 더 세련되고 지적인 이미지를 만들 수 있다.

비즈니스 이미지 메이킹

◦ 인간관계를 위한 이미지 메이킹

비즈니스에 있어서도 색은 중요한 역할을 한다. 노랑은 사람의 마음을 열어주는 커뮤니케이션 컬러로, 동료나 상사와의 의사소통을 원활하게 해주고 사람간의 관계를 좋게 해주는 색이다.

영업을 한다면 분홍색이 도움이 되는데, 분홍색은 빨강의 열정과 흰색의 온화한 이미지를 함께 표현해 주기 때문이다. 분홍이 익숙하지 않은 남성이라면 넥타이나 셔츠 등 작은 것부터 활용해 보는 것이 좋다.

◦ 성공적 면접을 위한 이미지 메이킹

면접에서 가장 무난한 것은 감색(남색의 일종)과 회색이다. 무난하기에 자칫 평범해 보일 수 있지만, 감색은 이성적이고 사려 깊어 보이면서 특히 동양인의 피부에 잘 어울린다. 흰색을 함께 사용하면, 조금 더 적극적이고 호감도 높은 이미지를 만들 수 있다.
회색은 어디에나 무난한 색이다. 주위와 융화되며 깊이 있고 차분한 이미지로, 상대방의 경계심을 풀어 같은 편이라는 인식을 주는 색이다. 면접에 많이 입는 검정은 자신감을 표현하는 경우에는 좋지만 반대로 겸손하게 보이지 않을 수 있다.

◦ 문화에 따른 이미지 메이킹

외국문화와의 교류가 일상화된 현대에는, 다른 나라의 문화를 이해하는 것도 본인의 긍정적 이미지를 만드는 데 필요하다. 나라와 문화마다 색에 대한 관점이 다른데, 예를 들어 검정은 현대에는 세련된 이미지로 많이 이용되지만, 어떤 곳에서는 부정적이고 죽음을 연상시키는 것으로 알려져 있다. 노랑도 어떤 곳에서는 밝고 명랑한 이미지이지만, 또 어떤 곳에서는 비겁하거나 나약하게 받아들이기도 한다. 이런 문제에서 가장 자유로운 것은 바로 남색 계열이다. 남색은 국가나 문화에 관계없이 가장 좋아하는 색이거나, 좋아하지도 싫어하지도 않는 무난한 색이기 때문이다.

COLOR MARKETING

_ 색채 마케팅

컬러 마케팅

컬러 마케팅의 의미

컬러 마케팅(Color Marketing)은 인간의 오감 중 가장 큰 영향을 주는 시각, 그 중에서도 가장 먼저 인지되는 색을 이용하는 방법이다. 소비자의 마음을 움직이는 중요한 요소로써 색이 부각되면서, 색채 심리학을 활용한 '컬러 커뮤니케이션'이 기업 마케팅의 중요한 축이 된 것이다. 색을 잘 활용하면 소비자의 흥미를 끌면서 아이덴티티를 확립할 수 있고, 홍보하고자 하는 내용을 강렬하게 함축적으로 전달하고 각인시킬 수 있다. 실제로 색은 어떤 물체를 구성하는 형태, 크기, 질감 등에서 80% 이상의 영향력을 가지고 있다. 따라서, 소비자는 자기도 모르게 색상에 이끌려 상품을 선택하는 확률이 높은 것이다.

전략

소비자의 다양한 욕구에 맞추어 여러 가지 색상의 제품을 제공하면, 선택의 폭이 넓어진다는 장점이 있다. 하지만 잘못된 색채 계획은 오히려 소비자에게 시각적 혼란만 가중시킬 수도 있다. 따라서 다양한 색채를 계획할 경우, 제품이 가지는 특유한 콘셉트에 맞게 일정한 통일성을 가지고 계획해야 한다.

다양한 컬러를 보여 주는 제품은 비교적 값이 싼 제품인 경우가 많다. 자동차나 가구처럼 한 번 구매해서 오래 사용하고 쉽게 바꾸기 어려운 제품이라면 소비자는 새롭고 모험적인 컬러를 선택하기가 쉽지 않은 것이다. 색을 고민하다가도 오래 사용해야 한다는 점을 고려하여 무난하고 안정적인 컬러를 선택하는 경우가 대부분이다.

이런 제품들은 생산자의 입장에서도 다양한 색상의 제품을 생산하는 데 필요한 비용과 잘 팔리지 않을 경우에 돌아올 손해도 생각하지 않을 수 없기 때문에 쉽게 색상을 선택할 수 없다. 따라서 고가의 제품일수록 계획 단계부터 철저한 조사와 분석을 통해 소비자가 선호하고 잘 팔릴 것으로 예상되는 색상 계획이 필요하다.

반면에 비교적 값이 저렴한 의류나 화장품, 액세서리 등 유행에 민감한 패션 관련 제품, 색상 계획에 실패해도 위험 부담이 좀 덜한 제품들은 다양한 색상을 도입하는 것이 효과적이다.

MARKETING
PLAN

컬러 마케팅 분야

컬러 마케팅은 마케팅이 적용되는 전 분야에서 널리 사용되고 있다. 여기서는 가장 일반적이고 일상에서 쉽게 볼 수 있는 몇몇 분야를 중심으로 살펴보도록 한다.

패키지

패키지는 그 속의 내용물과 제품의 특성을 소비자에게 정확하게 보여주고, 또 이를 통해 흥미와 구매욕을 자극할 수 있는 색채 계획이 요구된다.
차 패키지는 주로 녹색이나 짙은 갈색 등을 많이 사용한다. 이것은 자연의 느낌과 찻잎을 떠올리게 하고, 녹차, 홍차 등 우리가 차하면 생각나는 색상들을 중심으로 표현한 것이다.

음료 중에 동일상품을 여러 종류로 출시하는 경우가 많은데, 이때는 해당 음료의 성분이나 맛을 상징적으로 보여줄 수 있는 색상들을 이용한다. 예를 들어 맛의 경우 딸기는 빨강, 오렌지는 주황, 베리는 보라 등이며, 성분의 경우 멀티는 흰색, 비타민 C는 노랑 등이다. 우리가 음료를 사려고 할 때에 패키지만 보고도 어떤 맛인지 충분히 가늠할 수 있다.

세제도 색상이 중요하게 적용되는 분야이다. 세제는 깨끗하고 청결한 느낌을 주는 것이 중요한데, 여기에 향이나 성분을 표현할 수 있는 색상을 적용하기도 한다. 주로 사용되는 것은 청결한 느낌의 흰색과 파랑이고, 천연세제의 자연적 느낌을 주고자 할 때는 초록, 아기용이라면 부드럽고 포근한 느낌의 분홍, 노랑 등을 사용한다. 또, 때로는 향에 따라 보라, 주황 등을 사용하기도 한다.

전자제품

한때는 '백색가전'이라는 말이 일반화된 적도 있었지만, 지금은 다양한 색상이 우리 주변을 둘러싸고 있다. 이것은 전자제품도 하나의 인테리어 소품으로 인식되면서, 주변과의 색채 조화와 개성적 색상이 선호되기 때문이다. 이런 변화는 이전 소니의 혁신적 디자인에서 시작되었는데, 이제는 스메그, 캔우드, 휴롬, 러셀홉스, 드롱기 등 거의 모든 브랜드 제품들에서 다양한 색상을 볼 수 있다. 차분한 파스텔 톤에서 주황, 노랑, 초록 등 강한 포인트 컬러까지 그 색은 매우 다양하다. 기능뿐 아니라 다양한 색상으로 세련된 스타일을 제공하면서 많은 사랑을 받고 있다. 첨단화된 기술로 무장한 디지털 제품이 거의 매일 쏟아져 나오면서, 여러 가지 트렌드를 만들어 내고 있다. 디지털 제품의 경우 개인화되어 있는 것이 대부분으로, 다양한 소비자의 개성과 생활환경에 맞춘 여러 가지 색상들이 제공된다. 또, 주 소비층이 젊은 세대이고 제품의 출시 주기 또한 매우 짧아, 색채의 변화도 빠르고 다양한 영역이다.

SMEG

SMEG
10:08

SMEG

생활용품

일상생활에서 사용하는 다양한 제품들은 해당 제품의 용도와 특징을 시각적으로 볼 수 있고, 다른 상품과 차별화할 수 있는 색상이 필요하다. 예를 들어 칫솔의 경우, 여러 가지 색상의 동일한 제품을 같이 보관하더라도, 가족구성원이 각자 자신의 칫솔을 쉽게 찾을 수 있다거나 눈에 잘 띄는 소품을 이용해서 필요한 것을 표시하는 등의 색상 적용이 필요하다. 요즘은 단순한 생활용품에도 아이디어와 재미 등 흥미 있는 요소들이 많이 적용됨으로써, 이에 적합한 여러 가지 색상이 많이 도입되고 있다.

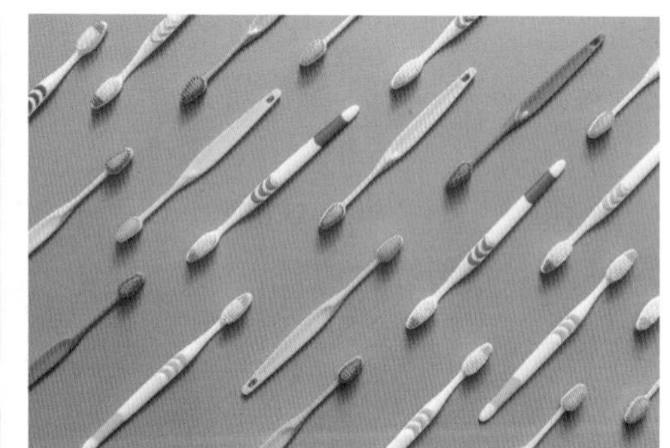

자동차

자동차는 개인적 취향이 반영되지만 앞서도 언급했듯이 그보다는 연령이나 소속집단, 사회적 지위 등에 영향을 더 많이 받는 영역이다. 자동차의 경우 대형차는 주로 중후함과 품격, 무게감을 표현할 수 있도록 무채색을 많이 적용하고, 중형과 소형으로 갈수록 다양하고 발랄한 색상들이 적용된다. 전통적으로 검정과 회색이 가장 많은 비중을 차지하였고, 스포츠카에만 빨강이나 노랑 등이 종종 사용되었다. 가끔 고급 자동차에도 자주, 옅은 파란빛 은색 등이 출시되었지만 오래가지 못하고 단종되는 것이 대부분이었다. 요즘은 이전과 달리 대형차에도 흰색이나 남색이 많이 적용되고, 소형차들을 중심으로 파스텔 톤 등 다양한 색상이 적용되고 있다. 하지만 여전히 거리에는 무채색 자동차가 가장 큰 비중을 차지하고 있는 것이 사실이다.

자신만의 독특한 색으로 성공하다

자신만의 독특한 색을 이용해서 제품을 확실하게 인식시키고, 이제는 그 색만으로도 제품을 떠올리게 하는 사례들에 대해 살펴보자. 컬러 마케팅을 가장 성공적으로 진행한 사례들이다.

톡 쏘는 맛과 생동감의 빨강

빨강 하면 무엇이 떠오를까? 여러 답변 중에 코카콜라도 있지 않을까? 그만큼 빨강의 대표격이 되어버린 코카콜라는, 컬러 마케팅에서도 가장 대표적인 성공사례이다.
빨강의 남다른 열정과 정열, 젊음, 에너지, 생동감, 강인함 등이 코카콜라의 톡 쏘는 짜릿한 맛과 부합되어 젊음의 에너지라는 이미지를 형성하는 데 성공했다.

청량감과 갈증 해소의 파랑, 그리고 신뢰와 믿음

이온음료에서 기대하는 것은 갈증 해소와 시원한 청량감일 것이다. 이것을 패키지에 그대로 적용해서 성공한 사례가 바로 포카리스웨트이다. 포카리스웨트는 채도 높은 파랑과 순수한 흰색을 사용하여 청량감과 시원함을 표현하였고, 광고에서도 이것을 연결하여 그리스 산토리니의 푸른 바다와 흰색 건물들을 배경으로 하면서, 소비자에게 확실한 인식을 심어주는 데 성공했다.
또 파랑은 믿음과 신뢰의 색이다. 따라서 소비자의 믿음과 신뢰가 기반이 되어야 하는 여러 분야에서 파랑을 사용하고 있다. 예를 들어 고객의 안전을 지키는 믿음직한 항공사, 신뢰도 높은 금융사, 또 파랑의 미래지향적 느낌을 이용한 IT기업 등에서도 파랑은 널리 사랑받는 색이다.

SAMSUNG

KOREAN AIR

패션계 컬러 마케팅의 정석

패션계에 있어서 컬러 마케팅의 대표적 기업은 바로 베네통이다. 스웨터는 초기에 갈색, 베이지, 회색, 검정 등의 고전적 색채만 적용하다가, 베네통이 등장하면서 밝고 활기찬 다양한 컬러들이 등장하기 시작했다. 이것은 개성과 유행, 트렌드가 빠르게 변화하는 패션계에 있어서 소비자의 선택의 폭을 넓혀주는 큰 혁신이었고, 새로운 길을 열어주었다. 이에 젊은 층을 중심으로 큰 인기를 얻었고, 색을 통한 다품종 소량 생산으로 대중의 요구에 부응하며, 컬러 마케팅의 정석으로 자리 잡았다. 제품 생산뿐만 아니라 광고에서도 색상을 적극적으로 도입하여, 여러 인종과 다양한 색상의 조화를 통해 강한 사회적 메시지를 전달하였다. 이것이 베네통의 'United colors of benetton'의 이미지를 더욱 강하게 각인시키며 성공적 이미지를 창출해 냈다.

호기심 자극으로 먹는 즐거움

누구나 한 번쯤 맛보았을 엠앤엠즈(M&M's) 초콜릿 하면 가장 먼저 화려한 색상들이 떠오른다. 색을 통해 호기심을 자극하고 먹는 즐거움뿐 아니라 보는 즐거움, 선택하는 즐거움까지 함께 제공함으로써 소비자에게 즐거움과 만족도를 높여주고 있다. 이후에도 이런 컬러 전략은 다양한 먹을거리에 적용되고 있으며, 특히 어린이를 대상으로 한 경우에 큰 성공을 거두고 있다.

컬러 파괴

컬러 파괴라는 것은 우리가 일반적으로 생각하는 색이 아닌, 전혀 다른 색을 적용하는 것을 말한다. 예를 들어 빨강 딸기가 일반적인 우리의 생각인데, 노랑 딸기, 연두 딸기가 나오는 것처럼 말이다. 이런 현상은 음식에서 주로 나타나는데, 앞에서 살펴본 것처럼 먹는 즐거움과 보는 즐거움을 함께 주는 방법 중 하나인 것이다. 개성을 중시하는 소비자가 많아지면서, 단순히 먹는 것이 아니라 색다른 컬러를 접목시켜 흥미와 재미, 그리고 맛까지 함께 제공하고자 하는 것이다.

컬러 파괴의 대표적 예는 하인즈다. 하인즈는 우리에게 케첩이나 마요네즈로 잘 알려져 있는데, 2000년대 초반 하인즈는 130년간 지켜왔던 기존의 빨강 케첩에서 벗어나 녹색 케첩을 출시했다. 이로써 40%까지 떨어졌던 점유율이 50% 이상 회복되었다고 하는데, 이는 판매율의 60% 정도를 차지하는 아동 소비자의 호기심과 흥미를 자극하는 전략이었다. 하지만 이 전략은 처음에는 효과가 있었지만, 역시 케첩은 빨강이라는 것에서 크게 벗어나지는 못했다.

이외에도 파케이의 분홍색 마가린, 우유를 파랗게 물들이는 켈로그의 콘플레이크 등이 있었지만, 마찬가지로 일시적 흥밋거리로 지속적 성공은 이루지 못했다.
하지만 성공한 예들도 있다. 흰색 우유를 넘어선 검정 우유는 몸에 좋은 검은콩, 검은깨가 들어 있다는 것을 시각화함으로써 성공했고, 단호박, 시금치 등을 넣은 주황색, 녹색 밀가루와 면 등도 건강과 재미라는 요소로 성공적 사례가 되었다. 음식 이외에도 컬러 파괴 현상은 여러 곳에서 나타났는데, 한 예로 제지회사인 레노바는 빨강, 주황, 초록 휴지를 개발해서 미국과 유럽에서 큰 인기를 끌기도 했다.

이런 컬러 파괴는 어른보다는 어린이를 대상으로 하는 것이 더 효과적이다. 한 연구에 의하면, 파란색 감자튀김에 대해 어린이들은 재미있다, 먹어보고 싶다는 반응을 보인 반면에 어른들은 이상하다, 먹고 싶지 않다는 반응을 보였다. 그 이유는 색에 대한 학습에서 찾을 수 있다. 앞서 언급했듯이 색은 감각적인 부분도 있고 우리가 알게 모르게 학습해 온 부분도 있는데, 아이들의 경우에는 아직 학습이 덜 되어 있어 새로운 색에 대해 좀 더 포용적으로 받아들인다는 것이다. 또한 이런 상식을 뛰어넘는 색은 아이들의 상상력 향상에도 도움이 된다.
색에 대한 관심이 높아지면서 이런 컬러 파괴는 앞으로도 지속적으로 나타날 것으로 보이며, 소비자에게 파격적이고 신선함으로 다가갈 수 있어, 새 브랜드나 새 제품을 알리거나 신선한 변화가 요구될 때에 좋은 효과를 가져올 수 있다.

ENVIRONMENT COLOR _ 환경 색채

환경 색채

환경 디자인(Environmental Design)

환경은 우리가 생활하는 모든 공간을 말하는 개념이다. 환경이라는 것은 개인이 아니라 함께 공유하는 개념이 일반적으로, 이용 대상자 전반의 취향과 공간의 특징, 기능성과 심미성이 함께 어우러져야 한다. 도시, 건축, 조경 등의 큰 영역과 도서관, 상점, 개인 주거 공간까지 전반적 환경이 모두 포함된다. 우리의 실생활이 이루어지는 만큼 색상 또한 편안하고 안정적이며, 시각적 질서에 맞게 계획되어야 한다. 이로써 그 공간의 특성을 잘 표현하고, 능률과 심미성을 조화롭게 구성하는 것이 필요하다.

환경 색채 계획의 유의점

환경 색채는 인간을 둘러싼 색채인 만큼 인간 중심적이어야 하며, 이와 함께 사회적, 문화적 의미의 공공성이 포함되어야 한다. 성공적 환경 색채는 인간에게 편안하고 자연스러움을 주고, 무한한 자연의 색과 새로운 인공 환경의 색이 조화롭게 어울릴 때에 완성된다.

환경 색채 계획은 크게 외부와 내부를 나눌 수 있다. 외부는 전체적 도시 경관이나 건축물, 조경 등이고, 내부는 건축물 등 인간이 사용하는 내부 공간을 의미한다. 외부의 경우에는 먼저 그 지역의 지리적, 기후, 문화적 특성이 반영되어야 한다. 또한 주변과의 연속성, 조화로움을 고려하고, 개개의 요소가 아니라 전체의 색 조화가 중요하다는 것을 항상 고려해야 한다. 내부의 경우에는 쾌적하고 안정되면서 그 공간의 특성과 목적, 기능과 아름다움이 고려되어야 한다. 예를 들면 테마공원, 전시 공간, 휴식 공간, 업무 공간 등 그 장소만의 특징과 분위기를 나타낼 수 있어야 하는 것이다.

외부_ 환경 색채

도시 경관

도시 경관은 자연과 건축물 중심의 인공물이 함께 어우러져 나타나는 것으로, 그 도시의 정체성을 보여주므로 전체적 분위기를 유지하는 것이 필요하다. 또한 도시는 경제적 개념이 도입된 환경으로, 사람들의 직접적 반응을 유도하고, 그 도시만의 상징성을 만들어내는 색채로 표현되고 있다. 즉 그 도시만의 독특하고 고유한 도시 경관 색채를 통해 우리는 어떤 도시를 어떤 특정한 색으로 인식하게 되는 것이다.

예를 들어 푸른 바다와 하얀 벽이 조화로운 그리스 산토리니, 옛 유럽 도시들의 붉은 지붕들, 소박한 색채와 대담한 색채가 함께 만들어내는 개성적 색채의 멕시코 과나후아토, 파란 바다와 어우러진 다양한 색채의 이탈리아 친퀘테레, 덴마크 코펜하겐 등이 고유한 도시 경관 색채로 아이덴티티를 살린 도시들이다.

건축물

건축물은 넓은 면적을 차지하는 환경 구성 요소로 색채 또한 신중히 결정되어야 하는데, 주변과 그 건축물만의 특성을 조화롭게 나타낼 수 있어야 한다. 일반적인 건물 외관이라면 명도가 높고 채도가 낮은 색, 즉 하늘색이나 옅은 회색, 베이지 등을 많이 사용하고, 특수 목적이 있다면 독특한 색채를 사용하기도 한다. 또한, 내·외부 공간은 분리된 것이 아니라 하나의 구성미를 추구해야 한다는 것, 즉 인테리어와의 조화로움도 고려해야 한다.

훈데르트 바서는 본인의 작품 세계를 조형과 색상을 통해 인공적 건축물에 잘 적용하였다. 블루마우 온천 호텔은 원래 쓰레기 소각장이었던 곳을 성공적으로 호텔로 개조했는데, 에코라는 주제를 잘 표현하고 있다. 자연과 동화된 곡선을 사용하여 마치 하나의 숲처럼 보이며, 색 또한 자연과 인공적 색채의 조화를 잘 드러냈다. 이외에 다양한 그의 건축물에서 조형적으로 건물은 네모라는 고정관념을 깨고, 자연과 건축, 동화와 현실 그리고 인간의 조화를 잘 보여주고 있으며, 작가만의 독특한 예술 세계와 잘 연결하고 있다.

랜드마크

랜드마크는 건축물 중에서도 상징성을 갖는, 그 지역을 대표하는 것이다. 멀리서도 쉽게 인식이 가능하고 공공성, 사회성, 상징성을 포함하는, 눈에 잘 띄는 색채 계획이 요구된다.

스트리트퍼니처

스트리트퍼니처는 가로 시설물, 보도, 맨홀, 우체통, 벤치 등으로 공공적 성격이 강한 도시의 인공적 구조물이다. 따라서 인공적 느낌과 자연과의 균형, 조화를 유지하는 것이 중요하며, 이때 지역적 특색을 나타내는 통일성 또한 필요하다. 예를 들어 바닷가 마을의 벤치, 보도블록, 우체통, 가로등에 물고기나 파도 모티프의 디자인을 적용하는 것처럼 말이다.

또 기능과 개성을 나타내면서도 눈에 잘 띌 수 있도록 해야 하는데, 일반적으로 건물보다는 좀 더 강하거나 독창적 색상 적용이 가능하다. 특히 중요한 시설물, 즉 표지판이나 위험 알림,

제세동기, 소화전 같은 곳에는 한눈에 알아볼 수 있는 색을 적용하는데, 이런 점에서 공공시설물은 세계적으로 공통된 의미를 가진 색을 사용한다. 그 예로 화재라는 위급 상황에 사용하기 위해 눈에 잘 띄고 주목성이 높으면서도 위험을 알리는 소화전은 빨간색을 적용하고 있다.

내부_ 실내 색채

실내 디자인

실내 디자인(Interior Design)은 실제 생활이 이루어지는 공간으로, 주거 공간뿐 아니라, 사무실, 병원, 식당, 도서관, 미술관 등 각종 시설과 비행기, 자동차 등의 내부 공간까지 다양하게 해석되고 있다. 인간의 생활과 가장 밀접한 공간이기 때문에 기능성과 함께 심미적, 정서적, 심리적인 면 또한 고려되어야 하며, 다양한 공간의 특성에 맞는 적합한 색채 디자인이 이루어져야 한다.

색채 계획의 유의점

실내를 구성하는 기본 3요소는 천장, 벽, 바닥이지만, 이외에 다양한 요소들이 공간을 채우고 있다. 주거 공간만 보더라도 커튼, 가전제품, 가구, 조명, 소품 등 많은 요소들이 있고, 또 각각의 요소들은 다양한 색채로 컬러풀한 실내를 구성하기 때문에, 이런 요소들의 색채들을 조화롭게 구성하는 것이 필요하다. 공간은 색채를 통해 쾌적하고 안정된 느낌을 기반으로 그 공간의 기능을 상징적으로 보여줄 수 있고, 어떤 목적으로 어떤 사람들이 사용하는지를 고려하여 그 분위기를 명확하게 해야 한다.

실내는 주로 개인적 공간과 공공적 공간으로 나누어 볼 수 있다. 개인적 공간은 주로 주거 공간으로 침실, 서재, 드레스룸처럼 개인의 취향과 기호를 중심으로 디자인할 수 있다. 공공적 공간은 식당, 극장, 상점 등 불특정 다수가 자유롭게 사용하는 공간으로, 누구나 거부감 없이 편하게 느낄 수 있는 분위기의 조성이 필요하다.

◦ 천장 - 흰색, 밝은 노랑 등 연한색인 경우 공간이 밝아 보임
- 남색, 보라 등 어두운 색은 공간이 어두워 보임
- 노랑, 주황 등은 공간이 선명해 보임
- 강한 색일수록 천장이 두드러져 보임

◦ 벽 - 다양한 가구나 소품의 배경이 되는 곳이므로 너무 두드러지는 색은 좋지 않음
- 바닥보다 밝게 하는 것이 좋음

◦ 바닥 - 고명도 난색은 공간이 밝아 보임
- 고명도 한색은 공간이 매끄러워 보임
- 어두운 색은 실내가 어두워 보이나 안정감을 줌

실내 색채 디자인의 예

주거공간

주거 공간은 매일매일 생활이 이루어지는 공간으로, 편안함과 안락함이 전제되는 좀 더 섬세한 색채 디자인이 요구되는 공간이다. 주거 공간은 복도, 거실, 식당 등 가족이나 손님이 함께 사용할 수 있는 공용 공간과 침실, 서재 등 개인 공간으로 구분할 수 있다. 공용 공간은 누구라도 편안함을 느낄 수 있도록 하고, 개인 공간은 사용자의 취향에 맞추어 색을 적용해야 한다. 화장실이나 부엌은 청결함을 느끼게 하는 등 각 공간의 특성에 맞는 색채 적용이 중요하다. 요즘은 심미적인 것뿐 아니라 색채 심리나 컬러테라피의 개념을 도입하여 정신적 안정과 스트레스 해소, 그리고 해당 공간의 기능에 맞게 색채 디자인을 적용한다. 많은 색을 사용하면 무질서해 보이기 때문에 가능한 한 색을 제한하고 한 공간 안의 인테리어에 두세 가지 정도의 색만 사용하여 공간의 여유를 주어야 한다.

◦ 좁은 방을 넓게

진출색과 후퇴색의 개념을 이용하여 벽에 한색을 적용하면 후퇴되어 방이 넓어 보인다. 하지만 한색만 사용하면 너무 어둡거나 차가워 보일 수 있기 때문에 커튼이나 일부 벽에 적용하는 것도 방법이다. 한색이 싫다면 오버 화이트, 크림, 베이지 등 채도가 낮은 난색도 좋다.

◦ 거실

가족의 공동 공간으로 매우 중요한 곳이다. 구성원 모두가 편안함을 느끼고 싫어하지 않는 색을 사용해야 한다.

◦ 식공간

청결함을 기반으로 하여 원하는 분위기로 꾸민다. 식사량을 늘이고 소화에 도움을 줄 때는 흰색과 갈색을, 편안한 대화와 함께하는 식사에는 청록색을 적용한다.

또, 조리하는 주방에는 순간 집중력을 높여주는 노란색이나 활동력을 높여주는 주황, 건강한 음식을 만들게 도와주는 초록이 좋다.

◦ 현관, 복도

현관과 복도는 집의 첫 인상을 주는 곳으로, 환영과 편안한 느낌을 주는 것이 좋다. 산호색이나 복숭아색 등 따뜻한 색을 사용해 보자.

◦ 침실

대표적 휴식 공간으로, 가장 편안하고 안락한 분위기를 만들어야 한다. 주로 약한 파란색 계열을 사용하고, 여기에 라벤더, 라일락 등 보라색을 배색하면 안정된 분위기를 연출할 수 있다. 불면증이나 두통이 있다면 남색을 적용해 보는 것도 좋다.

또한, 잠옷이나 이불 등에 포인트를 주는 것도 좋은 연출 방법이다.

◦ 아이방

시각적 혼란을 주지 않도록 색의 수를 두세 가지로 제한하는 것이 좋다. 어린아이라면 부드럽고 안정적인 연녹색을, 청소년이라면 학습에 집중할 수 있는 노란색을 사용해 보자.

◦ 욕실

청결이 가장 강조되어야 하는 곳으로, 깨끗한 느낌의 흰색이나 파란색 계열을 기본으로 원하는 분위기를 연출한다. 이때 짙은 녹색이나 노란색 등의 소품을 이용하면 독소 제거에 도움이 되고, 타일이나 입욕제 등을 통해 분위기를 연출해 볼 수도 있다.

상점

상점은 매출 증가를 목적으로 하는 공간으로, 판매하고 있는 제품의 특성을 고려한 콘셉트와 주 소비자의 성향을 반영하여 색채 계획의 방향을 설정하는 것이 중요하다. 소비자의 흥미와 호감도를 높여 구매로 연결되도록 하고, 저비용으로 고효율을 창출하는 데 있어 색채만큼 효과적인 것도 없다.

사무공간

사무공간은 일의 효율성을 높이는 색채 계획이 가장 중요한 곳으로, 예전에는 무채색을 주로 하는 경우가 많았지만, 이제는 색의 중요성이 부각되면서 많은 변화를 가져왔다. 색채만으로도 일의 효율성을 높일 수 있고 원하는 결과를 가져올 수 있기 때문이다. 예를 들어 집중력과 업무의 효율성을 높이거나 아이디어 발상에 좋은 색을 사용하는 것처럼 말이다. 이처럼 원하는 목적에 맞게 다양한 사무공간의 색채를 조화롭게 적용할 수 있다. 주조색은 주로 안정감 있는 색채를 사용하고, 좁은 면적의 공간에는 생동감 있는 색채를 줌으로써 공간이 지루하지 않도록 활기를 주는 것도 필요하다.

◦ 베이지: 부드러운 느낌, 긴장 완화, 편안한 근무 환경

◦ 오렌지, 청록, 녹색: 정신적 건강, 쾌적

◦ 난색은 난방 효과, 한색은 냉방 효과

◦ 피해야 할 색
- 흰색: 민감, 생산성 둔화
- 갈색: 분위기 침체
- 회색: 우울
- 검정: 활동 제한

◦ 상황에 따라: 창조적 사고에는 보라색 소품, 증권사 등 바쁜 사무실에는 빨간색 소품, 차분한 회의에는 남색 소품

병원

병원은 이전의 딱딱하고 삭막한 화이트에서 요즘은 부드럽고 온화한 조명과 색채 배색을 중심으로 바뀌면서 주로 차분하고 안정적인 따뜻한 분위기로 변하였다.
병실의 경우 명도는 중명도, 채도는 저채도가 일반적이다. 주로 내과, 중환자실은 한색 계열, 회복기 환자와 산부인과는 난색 계열, 그리고 수술실은 피로 인해 나타날 수 있는 잔상을 피하기 위해 파랑이나 녹색 계열의 색상을 많이 사용하고 있다.

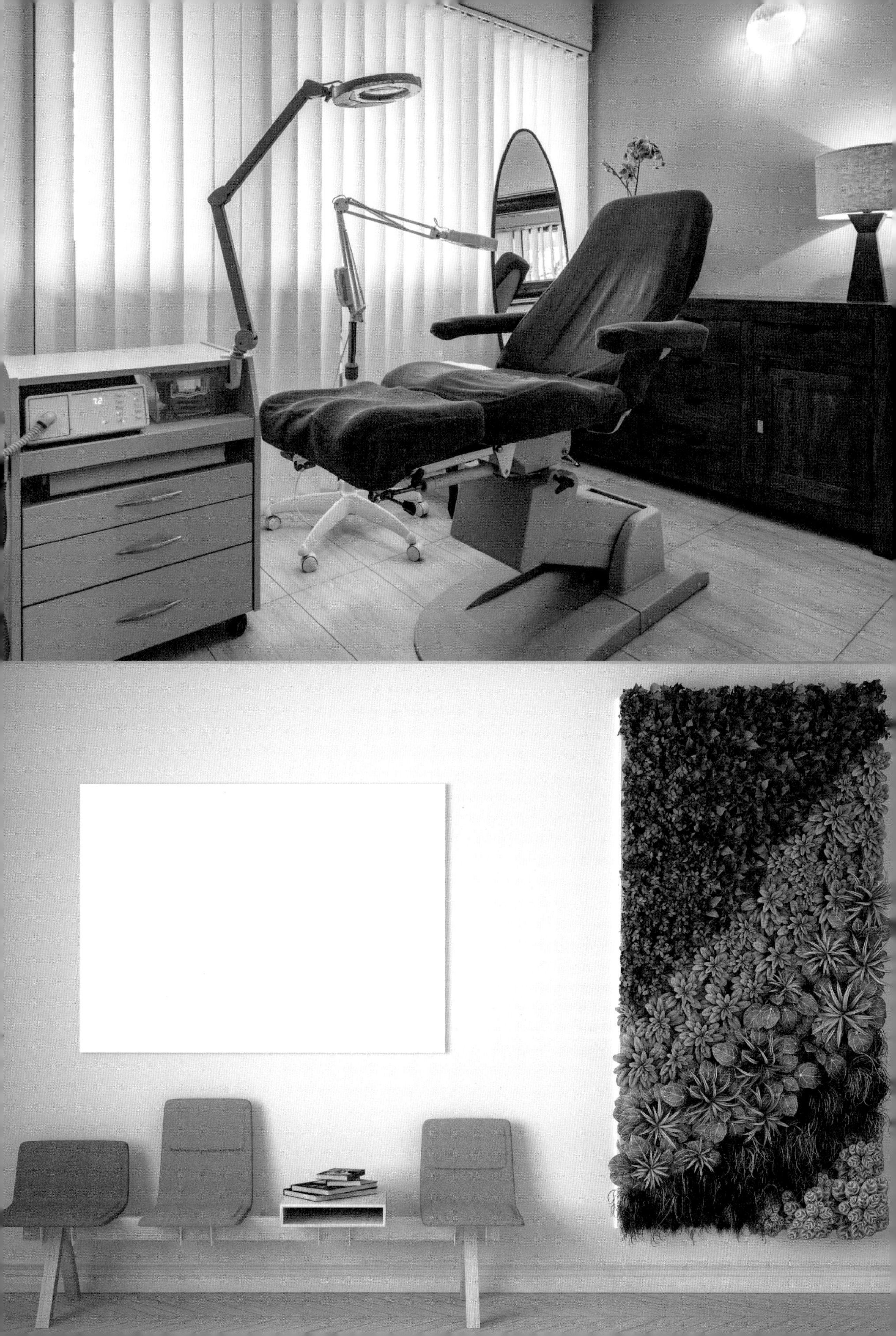

스타일별 실내 디자인

내추럴

자연주의적 성향의 실내 디자인으로, 편안하고 친근한 감성적인 느낌을 중심으로 하는 친자연적인 스타일이다. 주로 베이지, 아이보리 등 낮은 채도의 노랑 계열을 사용하며, 초록, 파랑, 빨강, 보라, 오렌지 등을 강조색으로 적용한다.

모던

현대적이고 세련되어 보이는 이미지로, 도시적, 미래적, 인공적인 느낌과 이런 이미지를 완화하기 위해 자연적인 요소를 첨가하는 스타일이다. 주로 흰색, 검정 등 무채색이나 금색, 은색 등 금속색, 파랑, 청록 등을 사용한다.

클래식

클래식은 격식 있고 품위 있는 우아한 스타일로, 질서와 부드러운 곡선 등을 통해 고급스럽게 표현하는 스타일이다. 전체적으로 사용하는 색의 수를 줄이고 색의 대비도 약하게 하여 강하지 않고 차분한 느낌을 주도록 한다. 주로 중명도, 저명도, 중채도, 저채도의 빨강, 남색, 갈색 등을 이용하여 표현하고, 여기에 녹색이나 금색, 보라 등으로 강조된 느낌을 준다.

캐주얼

캐주얼은 자유롭고 활동적인 분위기로 많이 표현되는데, 다양한 색상, 화려한 톤 등으로 나타내는 감성적인 스타일이다. 자유로우면서도 너무 혼란스럽지 않도록 색의 수를 제한하는 것이 좋다. 주로 부드러운 아이보리나 흰색 등에 빨강, 노랑, 파랑 등의 강렬한 원색으로 강조하기도 한다.

에스닉

에스닉은 전통적, 민족적인 스타일로, 주로 예부터 많이 사용되었던 갈색, 카키 등의 자연적 색과 빨강, 오렌지, 노랑 등의 화려한 원색을 강조색으로 하는 스타일이다.

한국 전통

한국의 전통적 색상을 이용하여 자연적이면서도 아름답고 간결한 느낌을 주는 스타일이다. 주로 밝은 색채를 주조색으로 하고, 여기에 전통색인 오방색을 강조색으로 사용한다.

색 공간의 영향

자살 방지를 위한 환경 색채

자살 장소로 알려진 유명한 몇몇 다리가 있다. 검은색의 블랙프라이어 브리지, 빨간색의 골든게이트 브리지 등. 이런 다리를 초록색으로 칠했더니 자살률이 34%나 감소했다는 결과가 있다. 검정은 사람을 의기소침하게 하고, 빨강은 자극하고 흥분하게 해서 충동을 부추기는 반면, 초록은 마음을 안정시키고 편안하게 해주어 충동을 억제한다. 이처럼 환경 색채를 적용할 때에는 주변과 기능성, 심미성 등과 함께 인간의 심리적인 면도 고려해야 한다.

빨강 vs. 파랑

◦ 시간이 빨리 지나가는 빨강 vs. 천천히 흐르는 파랑

빨강은 시간이 빠르게 지나가는 것처럼 느끼게 해서 빠른 변화가 필요한 곳에 사용하면 효과적이다. 빨강은 오래 머물지 않고 테이블 회전이 빨라야 하는 패스트 푸드점의 대표적 색이다. 또 빨강은 식욕을 자극하는 색으로, 음식점에 잘 어울린다.

반대로 파랑은 시간이 천천히 흐르는 듯 느끼게 해서 오래 기다려도 지루하지 않고, 시간이 얼마 지나지 않은 것처럼 느껴야 하는 대기실 등의 색상으로 사용된다.

◦ 빠른 결론의 빨강 vs. 신중한 결정의 파랑

만약 회의실이라면 빠른 결론을 도출해야 할 때는 빨강을, 신중하게 결정할 일이라면 파랑을 사용한 회의실을 이용하면 도움이 된다.

◦ 빨간 방 vs. 파란 방

아이들을 대상으로 반은 빨간 방에, 반은 파란 방에서 무엇을 하는지 지켜보는 연구가 이루어졌다. 빨간 방의 아이들은 싸우거나 활동적이었고, 파란 방의 아이들은 책을 읽거나 차분히 앉아 있었다. 또 각 방에서 20분이 지났다고 판단되면 나오라고 하니, 빨간 방의 아이들은 14~15분 정도가 지나자 긴장되고 불안한 마음으로 나왔고, 파란 방의 아이들은 20분이 훨씬 지난 24분 정도가 되어서야 나왔다는 연구 결과가 있다.

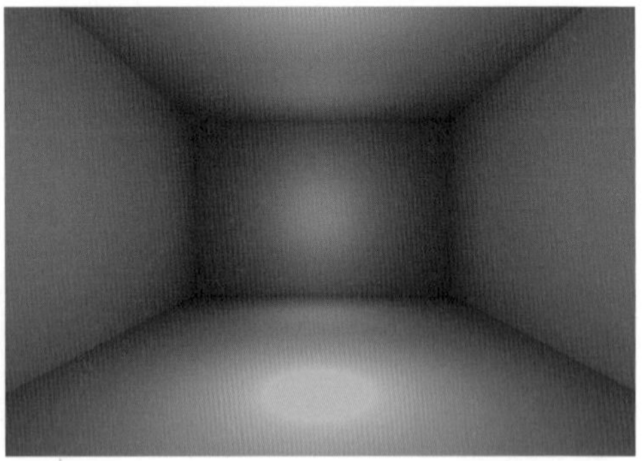

파랑 vs. 핑크

◦ 한 번의 패배도 없는 미식축구팀의 비밀

호크아이 대학의 미식축구팀은 홈경기에서 한 번도 패배해 본 적이 없었는데, 그 이유는 홈팀과 상대팀의 라커 색에 있었다. 홈팀의 라커룸은 파랑으로, 상대팀의 라커룸은 핑크로 칠해져 있었는데, 파랑은 차분하게 경기에 임할 수 있게 해줬고, 상대팀은 핑크로 인해 공격적 행동을 유발하는 호르몬을 억제시키는 역할을 하여 육체적 힘을 약화시키는 결과를 가져온 것이다.

◦ 재미있는 아령운동

캘리포니아 대학의 연구팀은 교도소를 대상으로 실험을 실시했다. 건장한 간수들을 대상으로 아령운동을 하도록 한 것인데, 이때 28번의 아령을 들어 올린 간수가 있었다. 그를 대상으로 한 번은 앞에 파란색 판을 놓고, 한 번은 앞에 핑크색 판을 놓고 다시 실험을 했다. 그러자 재미있는 결과가 나왔는데, 아령을 파란색일 때에는 29번을, 핑크색일 때에는 5번을 들어 올린 것이다.

◦ 교도소의 핑크색 감방

캘리포니아 교도소는 통제가 되지 않는 수감자들이 들어가는 '핑크색 진정제 투입 감방'을 설치했다. 매우 거칠고 공격적이어서 진정이 필요할 때 이곳에 3분 동안 수감되며, 10분쯤이 지나면 폭력적 성향이 약화된다고 한다.

REFERENCE

참고문헌

Faber Birren, **Color & Human Response: Aspects of Light and Color Bearing on the Reactions of Living Things and the**, 김진한 역, 시공사, 2003

Jean Philippe Lenclos, Dominique Lenclos, **COULEURS DU MONDE: GEOGRAPHIE DE LA COULEUR**, 이승희, 김정략, 이선정 역, 미진사, 2009

Libby, William Charles, **Color and the structural sense**, 유인수 편역, 이양자 역, 1992

강성률, **영화 색채 미학**, 커뮤니케이션북스, 2017

권영걸, **색채와 디자인 비즈니스**, 국제, 2004

김선현, 전세일. **동서의학과 동서미술치료**, 학지사, 2009

김선현, **색채심리학**, 이담, 2013

김용숙, 박영로, **색채의 이해**, 일진사, 2019

김정원, **푸드 스타일링에 있어서 미각의 시각화와 색채에 관한 연구**, 경기대학교 관광전문대학원 석사학위논문, 2009

김준연, **포장디자인 색채감성 선호도 조사 및 컬러마케팅에 관한 연구**, 중앙대학교 산업창업경영대학원 석사학위논문. 2010

김진한, **색채의 원리**, 시공사, 2002

릴리안 베르너 본즈, **몸과 마음을 치료하는 색채**, 국제, 2008

문은배, **색채의 이해**, 국제, 2002

박명환, **Color Design Book**, 길벗, 2014

박명환, **COLOR DESIGN BOOK**, 길벗, 2007

박영수, **색채의 상징, 색채의 심리**, 살림, 2003

방효진, **뷰티디자인 색채학**, 정민사, 2019

안지혜, **색채를 통한 미술치료법에 관한 연구**, 수원대학교대학원 석사학위논문, 2009

양예운, **컬러커뮤니케이션을 통한 브랜드 마케팅 전략 연구 : 기업의 핵심가치를 중심으로**, 이화여자대학교 디자인대학원 석사학위논문. 2017

양희윤, **퍼스널컬러에 따른 뷰티 분야의 이미지스케일 개발을 위한 기준 연구: 메이크업 일러스트레이션을 중심으로**, 홍익대학교 문화정보정책대학원 석사학위논문. 2016

에바 헬러, 이영희 역, **색의 유혹**, 예담, 2002

와타나베 요우코, **잘 안 풀려? 색깔을 바꿔봐!**, 국제, 2007

이미란, 유중석, **도시야간경관 계획의 기본목표와 구성요성에 관한 연구**, 한국도시설계학회 추계학술대회집, 2004

이재만, **컬러 배색 코디네이션**, 일진사, 2008

이현수, **이현수 교수의 도시색채 이야기**, 선, 2007

이혜정, 여흥구, **지역별 경관색채와 환경요인과의 상관성에 관한 연구**, 한국도시설계학회 춘계학술대회집, 2005

이호정, **사고 싶은 컬러 팔리는 컬러**, 라온북, 2019

임정윤, **여성의 헤어컬러에 따른 이미지 평가와 이미지 관리전략**, 대구대학교 대학원 석사학위논문. 2011

조영수, **색채의 연상**, 가디언, 2017

조은영, **색채감성의 국가별 분석과 한국인의 개인색채 유형에 따른 패션색채 기호에 관한 연구**, 대구카톨릭대대학원 박사학위논문, 2007

최승희, **주변공간의 색채디자인에 관한 연구**, 대한국토도시계획학회 논문집 37, 2002

카시아 세인트 클레어, **컬러의 말**, 윌북, 2018

캐런 할러, **컬러의 힘**, 윌북, 2019

한국색채학회, **컬러리스트**, 국제, 2002

AUTHOR INTRODUCTIONS

저자 소개

이향아

한양대학교에서 응용미술교육학과 이학박사 학위를 받았다.
기업체에서 디자인 관련 실무 경력을 쌓았고 다수의 대학에서 색채디자인 강의를 하였으며,
현재는 서울사이버대학교에서 멀티미디어디자인학과 전임교수로 재임하고 있다.
한국상품문화디자인학회 등 여러 디자인 협회와 서울시 광고물 관리 및 디자인 심의위원과
각종 공모전 심사위원, 국가기술자격시험 출제위원, 검수위원, 기관 웹사이트 심사위원 등으로
활동하고 있다.

윤지현

한양대학교에서 응용미술교육학과 이학박사 학위를 받았다.
한양대학교를 비롯한 다수의 대학에서 색채 및 디자인 과목을 강의하고 있으며,
기업체에서 디자인과 홍보 관련 담당자로 캐릭터 개발, 게임 개발, 웹사이트 및 영상 디자인 등
실무 경력과 여러 디자인 협회 활동을 하고 있다.
공모전 심사위원, 국가기술자격시험 출제위원, 검수위원, 기관 웹사이트 심사위원 등으로
활동하고 있다.

CHROMATICS 색채학

2019년 12월 24일 초판 인쇄 | 2019년 12월 27일 초판 발행

지은이 이향아 · 윤지현 | **펴낸이** 류원식 | **펴낸곳** **교문사**

편집부장 모은영 | **책임진행** 모은영 | **디자인** 베이퍼

제작 김선형 | **홍보** 이솔아 | **영업** 정용섭 · 송기윤 · 진경민 | **출력 · 인쇄** 삼신문화사 | **제본** 한진제본

주소 (10881)경기도 파주시 문발로 116 | **전화** 031-955-6111 | **팩스** 031-955-0955

홈페이지 www.gyomoon.com | **E-mail** genie@gyomoon.com

등록 1960. 10. 28. 제406-2006-000035호

ISBN 978-89-363-1905-2 (93590) | 값 23,000원